每道人生的坎，都是一道加分題

莎莉夫人（Ms. Sally）著

目錄 CONTENTS

【自序】
從別人的故事裡看見智慧，找到慈悲與重生的力量　007

Part 1 工作篇

〔熱血期〕
怎麼選擇第一份工作？我的職場初體驗　014
主播台的鬥爭，妳憑什麼爭？　020
朋友，職場不存在的人設　025
多跳槽給自己加薪，多歷練確認所愛　029
被主管凹，與其抱怨不如自救　035

從模仿中創新——中國的狼性　042
一張離職單，顯露你是什麼樣的人　048
該不該接受外派——海外工作的優缺點　053
老闆的風水命理學　059

〔爆肝期〕

職場想要做自己，你得先是個咖　063
我的斜槓之路　067
當主管，不怕菜鳥，怕白目　073
討厭你，恰巧而已——空降的存活術　077
高年級職場倖存者求生術　082
轉業時，面對嘲諷也不要害怕改變　087
每個職場都看得到的龜甲萬與小李子　092

Part 2 愛情與親情篇

一粒米救了她的婚姻路　100
正逢黃金十年，生孩子？還是要升遷？　104
職場與小三的誘惑　109
原生家庭與結婚家庭誰優先？　114
最毒是丈夫　118
勸人的金句看似大度，實則冷酷　123
檢視親子關係，老了不留遺憾　129
有孩子就了不起嗎？　136
幸福是什麼？食物裡愛的記憶　143
爲人子女的難題：爲什麼是我成了照顧者？　148

Part 3 人生篇

比較：一種幽微的心情　158
我的追愛啓示錄　161
相親教我的事　167
大地主相親記　173
別讓年齡綁架你的人生　179
中年的領悟：剛剛好就好　185
自律，是中年人最頂級的性感　191
台大畢業就罹癌，她學到的人生功課　196
與悲傷同行——最優秀的學姊跳樓身亡　201
考試與揭弊　207

【後記】

不能決定出身，就靠自己翻身　213

【自序】

從別人的故事裡看見智慧，找到慈悲與重生的力量

寫自序的時刻，台灣正籠罩在新冠肺炎本土疫情爆發的恐慌中。原以爲二〇二〇庚子年過去，劫難會稍微減少，沒想到眞正的考驗出現在二〇二一年的年中。人生不也是如此？總以爲最難的一道坎跨過去了，往後日子總該好過些了吧？轉眼間，又是一道難關出現。

人生好像在打怪，關關難過，但只要有裝備、有訓練，就能累積經驗關關過，不斷升級。每個人的人生軌跡不同，遇到的坎也不完全一樣，唯一相同的是，在每一道難關面前，沒有人是天生的好手，可以輕鬆跨越，但我們有沒有可能從別人的經驗及故事裡，找到一些線索、看到一些解決問題的方法，成爲我們跨越人生每一道坎的養分及力量？

這是我寫這本書的目的。

職場資歷三十年，我從一個小記者做起到成爲新聞台的最高主管，從新聞圈轉業到公關公司任職，中年離開台灣職場到中國及越南的世界職場歷練，在世界職場中，擔任電視公司及公關行銷公司的總經理。我寫下我的海內外職場經驗與生活中觀察到的人事物，希望讀者能從這些故事裡，照見自己。我們看別人的故事，很容易一眼看出問題；然而，當我們處在跟故事主角相類似的情境中，有可能不知所措，不知如何選擇，甚至跟主角一樣，犯了相同的錯。

這本書分爲三大部分，分別是「工作篇」「愛情與親情篇」及「人生篇」。每個人的一生都少不了這三部分，人生的坎也藏在這三部分裡。

工作篇

一場疫情風暴，讓海內外就業市場產生巨大變化，對就業人才的需求條件也跟過去大不相同。單一專業技能已經不能滿足變化快速的產業發展，具備跨領域專業，也就是兩項以上的專業技能，所謂的「T型」人，才能成爲就業市場的搶手貨。

我以自己及我看到的成功人士爲例，說明如何成爲T型人才。累積一項專業技能的縱深，同時橫向發展出跨領域專業的能力，融合兩項（或更多）專業，讓自己在職場上有更多元、薪資更優渥的選擇。

工作篇分「熱血期」與「爆肝期」。「熱血期」的起點，是跟職場新鮮人分享，該怎麼選擇第一份工作？以及第一份工作與未來職涯發展的關係。熱血期的沸點，則是跟大家討論，當職涯發展到一個階段，面臨瓶頸的時候，該不該轉業？若有機會，該不該接受外派？以及海外工作的優缺點及注意事項。我把在中國及越南工作經驗中觀察到的職場文化差異與激烈的競爭求生術，詳述在書中，希望對打算轉業或計畫到海外工作的讀者有幫助。

工作的熱血期之後，進入「爆肝期」。退休年紀如果設定在六十五歲，我們一生在職場拚搏的時間大約是四十年，「爆肝期」一般會發生在兩個階段：一是三十五歲之前，你拚命加班，使命必達，努力掙個主管職；二是四十五歲以後，當你主管職做久了，偏偏還上不上、下不下的時候，加上後浪推前浪，該怎麼讓自己不被列在資遣名單上？怎樣才能盡早財務獨立自由，從職場安全下莊？工作篇的「爆肝期」告訴你職場高年級生的生存秘笈。

愛情與親情篇

當我開設「莎莉夫人的工作生活札記」專頁，寫我周邊生活的人事物，尤其寫到感情故事時，很多讀者問我：「妳寫的故事，都是眞的嗎？」是眞的！爲了保護當事人，我會更改一些背景，在不破壞故事本質的情況下，盡量避免被人一眼識出，造成對號入座的困擾。

我寫職場女性在升（遷）還是要生（育）之間的爲難掙扎；寫妻子面對丈夫外遇時的處境，那些無法愛與原諒的孤獨；寫婚姻裡，有時我們必須承認，夫妻不是最親的人，而是，陌生人。

感情沒有絕對的對錯，遇到了，想不通，它就是個過不去的坎；想通了，它可以是轉個身就過去的關。

但願我們能從別人的故事裡，看見智慧，找到慈悲與重生的力量。

人生篇

年過五十，到了中年，我回望原生家庭對我的影響、我的婚姻與我的人生領悟。我不是不相信「愛」與「信任」，我絕對不厭世，我只是沒那麼「暖活」。溫暖地活著，「只要相信愛與希望，你的故事就會有美好結局。」我沒那麼暖活，我會凝視、觀察，之後，再把愛與信任，留給我認爲良善值得的人。

人們常說，台灣最美的風景，是人。在台灣、中國及東南亞待過之後，我發現，有的時候，人比鬼可怕。「人心比萬物都詭詐，壞到極處，誰能識透？」這是《聖經》耶利米書第十七章第九節的一段話。

儘管人心詭詐，我依舊相信「愛」與「希望」，只是這些「相信」，是建立在被歲月沉澱淬鍊的「教訓」基礎上。

愛在瘟疫蔓延時，我的第一本書在疫情肆虐的時刻上市，這本書的所有版稅將全數捐給台東縣「哈拿之家」，這是專門照顧兩歲以下無依嬰幼兒的慈善機構。我不想稱他們爲「棄嬰」，因爲我相信，每個人終究會遇到一個愛他的人。等待與愛相會，一如我寫這本書的心情，期待在文字中與翻閱這本書的你，相遇、相惜。

Part 1

工作篇

怎麼選擇第一份工作？我的職場初體驗

謹慎選擇工作，因為它會影響你的性格及價值觀。

工作會影響一個人的性格。職場待久了，你會發現，同行業的人有著相似的性格。比方說，新聞圈的人通常講話速度很快，趕截稿時間的關係，很難忍受「慢」，外人看起來就覺得這樣的人「欠缺耐心」，是個不耐煩的人。

我在台灣新聞台工作的時候，晚間六七點新聞是各家新聞台的收視主戰場；到了傍晚五點左右，是新聞部最兵荒馬亂的時刻。此時，若有家人或朋友打電話來噓寒問暖，通常會被直接掛電話，「我在忙」或「給你二十秒，講重點」完全就是把家人當連線記者，分秒必爭，最受不了講話沒重點。

工作會影響一個人的價值觀。新聞圈採訪慣了大人物，對總統、市長都能直呼其名，下班後，工作魂還附身，大頭症還在，看誰都覺得「你哪位」！

菜鳥記者的職場初體驗：先養活自己最重要

一九九四年，我在美國拿到碩士學位回台，待業半年，不想再等下去，大學同學跟我說，有家晚報易主，記者組成工會罷工中，抗議新買家運用政治力介入新聞室，影響新聞公正客觀。

「記者們在罷工，新老闆請總編輯招聘記者，妳要不要試試看？」同學補充說明，線上同業不會去那家晚報任職，「我們是同行相挺，支持工會罷工，妳的競爭者少很多，應該會有工作。」

總編輯面試我只問了一個問題：「妳明天可以立刻上班嗎？」我高興地回：「當然可以！」他說，這是他最後一個工作日，我是他離職前面試錄取的唯一記者，他要我有心理準備，明天可能只有我一個人採訪發稿。

我問他：「採訪完，寫好稿要交給誰？」那是手寫稿的年代，還沒有進化到電腦打稿。總編輯給了我一個傳眞機號碼，「妳明天去立法院採訪，以後就自求多福吧！」在總編輯的祝福中，我展開人生的第一份正職。

第一天上班報到，報社大樓外被拒馬蛇籠包圍，記者員工們頭綁白布條，手持麥克風，輪番上陣講述罷工訴求。我繞過他們要進辦公大樓入口的時候，有人拉住我「妳是新來的記者嗎？聽說錄取了一位新記者，妳不要當資方的走狗，不要上班，趕快回家！」我茫然地看著他，心想，我要賺錢養活自己，我甘願被資方利用。甩開手，我開啓第一天的記者工作生涯。

沒人帶路，沒人指點栽培，我靠之前在學校的學習及實習得來的經驗，在採訪寫作的路上獨自摸索。晚報截稿時間是中午十二點，下午兩點出報。看到晚報印著「本報記者張莎莉　台北報導」，我一口氣買了十份晚報作紀念，還打電話回高雄老家給我爸：「快去買報紙，你女兒是大記者了！」

同事們還在罷工中，每天有不同的人找我，要我加入罷工行列。剛入社會，面對同事們的遊說，那是很大的集體壓力，**我要他們的認同？還是要工作？**在台北已經簽了一年的房租合約，不工作，怎麼付房租？怎麼養活自己？

現實經濟的壓力戰勝了尋求認同的虛榮心，我的職場初體驗，很震撼也很「非典」。這段經驗讓我體會到，同事的認同一點都不重要，當你付不出房租、沒飯吃的時候，同事們不會幫你。他們已經有了工作經驗，罷工完可以到別處找新工作；而我是職場菜鳥，還沒累積工作經驗就加入罷工，以後要找工作，資方誰敢用我？

工作是一個人的戰場，你就是自己的貴人

第一份工作讓我徹底領悟到，**這是一個人的戰場。不要奢望誰來幫你、教你、拉拔你，你就是自己的貴人**。我從其他同業身上學習，觀察另外兩家晚報的資深記者怎麼採訪問問題。每天買三份晚報，比對自己寫的新聞內容跟其他兩家晚報記者寫的，有什麼不同。透過比報、比稿，我抓重點的能力加強了，寫出來的新聞內容更生動了。

當時國民黨立法院黨團有早餐會議，一早六點半舉行，我通常清晨六點就到黨團辦公室占個好位置。另外兩家晚報記者一早要送孩子上學，沒辦法出席採訪早餐會議，拜託我幫忙記重點。我當時的勤奮與樂於助人，讓我在新聞同業圈有好人緣。

長期提供立院黨團早餐會議的紀錄給其他兩家晚報記者，其中一位資深記者問我：「妳想不想跟著我跑新聞？我可以教妳，當作我的謝禮。」**職場上如果能遇到一位導師，願意傾囊相授，這會幫助你更快邁向成功之路**。

因為記者罷工而缺人手的報社，在「只要會寫國字，可以立刻上班」就錄取的情況下，很快的補足了所有記者缺。新老闆把參與罷工的員工們全數解聘，報社運作回到常

軌。原本一個人採訪發稿的我，在爆肝工作兩個月後有了新同事，我不必一個人滿街跑地到處採訪新聞，隨著新同事加入，我可以專注在一個採訪路線，建立與採訪對象的關係。

有了專屬的採訪路線，才能深耕經營人脈。這時候的我已經跟著同業資深前輩學習了一年多，採訪及寫稿的功力大增，前輩推薦我到他任職的報社擔任記者，月薪增加一萬多元。

我的第一份工作教會我很多事。

首先，對一般人而言，第一份工作的環境及條件，通常不能盡如人意。先不要計較薪資及公司環境，**你先進入這個行業，累積經驗、建立關係**。**最重要的是，一定要找到一個學習的榜樣**，觀察他、模仿他，如果幸運就跟著他學，學到了，這價值遠超過你的薪資金額。

第二，**要在同業圈，建立好人緣**。你剛入行，沒能力也別想打敗誰，先以謙卑的態度，抱持願意多做事的心，樂於跟他人分享，當你想跳槽換公司的時候，會需要同業的牽成，也需要同行對你有好的評語。

最後，**展現你的企圖心，不要在意同事們的眼光**。**你的前途只有你在乎，過分尋求同事的認同，刻意壓抑自己的企圖心，這是你的損失**。如果我當時在意同事的認同，加入罷工行列，我想我在新聞圈不會有好的發展。一個菜鳥什麼都不會，就先學會抗議資方，留下這個紀錄，對未來求職，絕對是個阻礙。沒有一個老闆會拉拔一個慫恿員工罷工的頭子，擔任公司的總經理。

第一份工作不能決定你的未來，但是你面對第一份工作的態度，會影響你的未來。

主播台的鬥爭，妳憑什麼爭？

與其心生敬佩，不如自己就是那樣的人。

——戲劇《後宮甄嬛傳》

自從我當了新聞部協理，常有統管「前朝」與「後宮」之感。「前朝」是指新聞採訪與播出及後勤所有單位，簡單說，就是新聞第一線的將、相、兵；「後宮」則是主播組的女主播們。

她們爭寵的對象不是我，而是那張「主播台」。上了主播台，等於被封了「答應」，繼續拚上位要爭的是「時段」。午間十二點新聞主播，位似「妃」；晚間八點新聞主播，等同「貴妃」；一旦進駐晚間六、七點新聞主播的位子，就是「皇后」了。

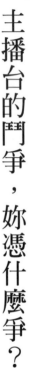

所有新聞時段裡，衆小主們絕不爭的播報時段是收播新聞，也就是深夜十二點到凌晨一點，這是各家新聞台最後一節的整點新聞。收播新聞的主播，像是新進宮的「官女子」，資質在衆小主當中算普通，具備一些潛力，可栽培，但不宜馬上放到主戰場。

有一位收播新聞主播在播了一年後，主動找我，她以「長期播報夜間新聞，導致生理期紊亂」爲由，希望播報時段能往前移。我告訴她，現在播報時段都已固定，如果身體差，就不要再播了，「健康第一，沒必要爲了當主播搞壞身體。」她聽到「不用播了」，身體立刻好了，又播了一年。

看到公司培訓新主播，她又來找我，這次以「準備結婚，家人希望有正常的家庭生活」，再次提出播報時段往前移的要求。她說，公司培育新主播，能不能讓新人接她的位子，她要播其他的時段。我問她：「妳想播哪一節新聞？」「我要晚間八點的時段。」她直接了當地說。

當時晚間八點新聞，是有「阿信主播」稱號的一姊負責，我問「官女子」：「妳憑什麼取代阿信主播？」她反問我：「她一直占著位子，播到五十幾歲還不下來，我們年輕女主播就永遠沒機會露臉嗎？」

會「吵」沒糖吃，只會被「炒」

官女子相信「會吵的孩子有糖吃」，可她忘了，當她沒有不可取代的獨特性，會「吵」只會被「炒」，不會有糖吃。我告訴官女子，要與人爭之前，**先掂一下自己的斤兩，問問自己憑什麼？**要憑恃自己年輕貌美，主播組裡，最不缺的就是這樣的女主播。我要她安分地繼續播收播新聞，若眞覺得委屈，就去別家電視台當晚間八點主播。她嗆我：「我不播收播新聞，妳等著開天窗吧！」我回她：「妳不播，信不信，我一通電話，至少有十個兼任主播半夜穿著睡衣，用爬的也會爬到公司播！」

官女子一氣之下，遞出辭呈。兼任主播們排隊找我，希望有機會能成爲收播新聞的專任主播。官女子離職後，到了其他電視台，她的時段稍微往前移了，成了晚間十一點的新聞主播。

爲了爭時段，主播台的鬥爭從沒停過，最常見的手法就是寫黑函以及跟狗仔媒體爆料。擔任協理期間，我收到不少黑函指控女主播私生活淫亂，這些被黑的女主播，共同點是，她們的播報時段都是別人覬覦的時段。

其他鬥爭手法包括：有女主播偷走另一位女主播的化妝箱，讓她在播報前想補妝的時候找不到粉餅；女主播A收買梳化師，陷害女主播B。梳化師刻意把B女的眉毛畫得像蠟筆小新，有一次故意把假睫毛黏得馬虎，B女面對鏡頭播第一則新聞的時候，右眼假睫毛鬆脫掉下來，立刻變成大小眼；有的女主播則是太囂張，惹毛製播團隊，從來沒出過狀況的讀稿機器，在她播報的時候就常常故障。耍大牌的她，只能低頭看手中的稿件，七零八落地唸完整節新聞。

唯有敬業，才能長久

我觀察台面上的女主播們，年過五十還繼續坐在主播台的，都是非常敬業的新聞人。以「阿信主播」爲例，她的播報時段是晚間八點，但她早上十點就進公司，把電腦系統內的每一篇新聞稿，逐字逐句看過，還會幫忙挑出錯字。她常在辦公室待到凌晨一、兩點才下班，除了持續關注新聞的發展外，她還負責製作新聞節目，「深夜辦公室特別安靜，適合寫稿。」這是阿信主播能在新聞圈屹立不搖的原因。

永遠保持對新聞的熱忱，才是主播的價值。當福島核災發生時，採訪中心指派記者赴日採訪，人人推託「我打算懷孕耶！輻射影響不太好吧。」「我老婆擔心我精子受影響，我去的話，她說要跟我離婚。」感覺比送死還慘的採訪任務，阿信主播卻主動請纓上陣。「**新聞在哪裡，我就在哪裡**。」這是阿信主播的信念。

高顏值、好口條，確實能讓人順利坐上主播台，但是要坐得久又好，需要的是對新聞的熱情與堅持。**一個人的成功還需要團隊的成全，保持謙卑的態度，不獨攬功勞，榮耀與團隊共享**，靠臉吃飯的主播台，總有一天會出現台灣版的芭芭拉·華特斯（Barbara Jill Walters）。

朋友，職場不存在的人設

職場裡，「朋友」這個人設是不存在的，只有「暫時」立場與利益一致的人，沒有所謂的「自己人」或「朋友」。

開始寫職場文的時候，我提醒自己，市面上已經有太多厚黑職場文章了，不需要我再多寫一篇。我寫我經歷過的人與事，體驗到職場的人性，還有那些鬥爭與被鬥爭的過程。回望我的職場人生，成功過也失敗過。我會寫黑暗，因爲那是事實的一部分，不須掩飾；我也寫黑暗過後，我的省思，這是我看見的微光。

很遺憾，我的職場經驗告訴我：**職場，沒有朋友**。

辦公室裡，只有老闆、長官、同事與下屬；大家一起面對的是客戶、同行業的競爭者及這個產業關係鏈的其他人。不管在辦公室內還是外，只有「暫時」立場與利益一致的人，沒有所謂的「自己人」或「朋友」。**我們在職場受到的傷害、被出賣的憤怒、對人性的失望……都來自於我們對職場懷抱著「朋友」這個人設。**

「閨蜜」能讓你交心，也能讓你「一槍斃命」

安琪是某新聞台主跑立法院的連線記者，她跟公司國會組的同事文玲，因爲天天在立法院一起跑新聞，加上年紀相近，成爲好友。

立法院開會時，突發狀況多，她倆互通有無、相互支援，誰搶到第一手消息，立刻分享給對方，兩人合作無間，讓這家新聞台的國會新聞，成爲其他新聞台監看跟進的標竿。

是同事，最能了解彼此工作的壓力和痛苦；加上是朋友，互吐苦水的時候，就沒把對方當外人。「閨蜜」是連男朋友的秘密，都可互相分享的密友。**朋友間，最殘酷的就是，曾經因爲信賴而交換的秘密，之後爲了利益，成爲摧毀對方的武器。**

有一天，安琪被政治組長官約談，之後她就被調到社會組。

「妳寫我是個無腦的政治組組長，說我沒跑過立法院憑什麼調度妳！」政治組組長說，安琪既然在她麾下做得這麼痛苦、不開心，即日起就調社會組。

安琪淚如雨下，百口莫辯。讓她難過的不是被調職，而是看到政治組組長出示Line對話的截圖，罵長官的這些話，安琪只Line給文玲，沒跟其他人提過。安琪不知道文玲爲什麼出賣她，直到她被調職的一個星期後，公司公布新的立法院連線記者名單，她在公告欄上看到文玲的名字。

文玲一心想當主播，只要能露臉的機會，她絕不放棄。公司給過她主播試鏡的機會，可惜文玲平時沒有習慣面對鏡頭，缺乏練習的情況下，主播試鏡緊張到舌頭打結，讓她與女主播一職失之交臂。文玲想擠下安琪，接手立法院連線記者的工作，讓自己有機會多習慣面對鏡頭，熟能生巧，坐上主播台就是指日可待之事。

安琪的存在，阻擋了文玲的發展。文玲對安琪的友好，是她精心布局演出的一場戲，只待安琪對她交心，就能讓安琪「一槍斃命」。

安琪對人性徹底失望，她想問文玲：「我們不是朋友嗎？妳爲什麼出賣我？」

不是別人讓你失望，是你不該有寄望

如果你認清職場只是大家暫時利益的結合，沒有朋友這回事，很多事情就不會卡在心頭、跟自己過不去。不是別人讓你失望，是你不該有寄望。

不是朋友，你就不會掏心挖肺，事後別人用你說過的話，加油添醋一番，一方面遂行他的目的，連帶地中傷你；不是朋友，你可以大膽地讓對方知道你的底線，哪些是你絕對不容他人踩踏的紅線。從這個角度看，不是朋友，公事公辦，少了情感的牽絆，職場做事更有效率。

不是朋友，聽到對自己不利的傳言，你可以直接找對方問個明白，不用礙於「朋友」怕傷感情，自己上演內心戲、反覆演練著台詞，見到對方卻說不出一句話；不是朋友，當老闆以今年營運表現不佳，宣布沒有年終獎金的時候，你可以超前部署，提早找到工作離職；如果你把老闆當朋友，就該在他最艱難的時刻，主動放棄支領薪資，幫他度過財務難關。

還好，我們只是同事，不是朋友！當我履歷鍍金、學到核心技術後，可以恣意地離去，落腳更好的未來。

職場上，沒有朋友，只有因利而聚，也因利而散的人。

眞正的朋友，是出現在你離開職場，沒了名片、沒了頭銜、什麼都不是之後，還會主動跟你聯絡、關心你的人，才是你的朋友。

名片，是我們職場走跳的通行證；沒了名片，你可以看清，誰，才是朋友。

多跳槽給自己加薪，多歷練確認所愛

沒有一份工作是不委屈的，用心去做，
人生沒有白走的路，只有不用心浪費的光陰。

近三十年的職場生涯，我待過七家台灣媒體、兩家公關公司及兩家海外媒體，總計十一家公司，最長工作年資六年，最短是一家公司只待了三個月。

研究我的履歷表，可能會得到「缺乏定性」「忠誠度堪憂」的結論。然而，就結果論，我的職涯發展軌跡是好的，頻頻跳槽及轉業並沒有減損我的履歷價值，反而是替我的履歷鍍金。

這篇文章，我想請大家思考，**「滾石不生苔，轉業不聚財」不是永恆不變的真理。**

靠跳槽，加薪也提升專業

三十歲之前，**我鼓勵大家有機會跳槽就跳**。**趁年輕勇敢地換工作、換公司**，透過多方嘗試歷練，你最終會知道自己適合什麼、喜歡什麼。

年輕時，讓自己多點歷練，大公司、小公司有機會都去經驗一下。在大公司，你體驗到制度完善，分工細緻的優點；在小公司，你被訓練成八爪章魚，一心多用。不管大、小公司，只要用心去做，你會成爲「一體成形、多功能」的職場尖兵。

三十歲前，在一個產業裡跳來跳去，公司換了，專業技術還是持續在累積，這是強化專業的「縱深」。表面上，你失去了在一家公司年資的累計，事實上，你靠著跳槽，不僅給自己加薪，還讓專業技術可以延續。**隨著不斷跳槽，你會明白，老闆出錢買的不是你的年資，而是你的專業技術**。

我待的新聞產業，要加薪不容易。一家新聞台待個五年，未必會給員工調薪，這行業每個人幾乎都是靠跳槽，給自己加薪。我每換一家公司，就給自己的月薪增加至少一萬元，有一年，我連續換了兩家新聞台，月薪增加三萬元。

能不斷跳槽且不斷替自己加薪的前提是，你的工作表現受到業界肯定。我每到一家公司，會給自己三個月的觀察期，與此同時，我會制定接下來三個月的工作計畫，強制自己在到職的半年內，展現出超越薪資條數字百倍的價值。

如果是業務工作，這半年計畫可以用數字量化，我的目標是替公司帶來多少客戶、簽下多少金額的合約。至於無法量化的，像是新聞記者，我會努力佈線，加強跟採訪對象的關係，建立獨家新聞的管道，在上任半年內，發出重量級的頭版頭條獨家報導，讓其他媒體跟進。

做出漂亮成績，讓公司滿意，也讓業界知道你的存在，奠定下一次跳槽的基礎，種下下一回跳槽的機會。至於**所謂的「欠缺定性」「沒有忠誠度」，這些都是在你沒有能力也沒有表現出成績的時候，公司用來挑剔、嫌棄你的說詞**。當你成爲這行業的強者，或開始在這行業嶄露頭角，各公司捧著錢來挖你，他們非常樂意看見你沒有忠誠度，說離開就離開原公司，投奔新公司懷抱。原公司想要留你，會識相的加薪來買你的忠誠。

多跳槽給自己加薪，多歷練確認自己所愛

三十歲前，若覺得現在這份工作，非己所愛，想嘗試別的行業，就放手去改變。**轉業，是開發跨領域的技能，不僅讓自己多一個職涯發展的選擇，也能讓自己兼具兩項專**

業技能，成為T型人才。

外子是胸腔外科醫師，四十一歲時拜現任振興醫院院長魏崢為師，學習心臟外科。他減薪去學新的技能，一般人當住院醫師只要五年，他當了九年。以前在醫學院喊他「學長」的學弟們，現在是心臟外科主任及主治醫師，換他喊「學弟」們為學長、老師。比他年輕十歲的學弟，交代他做什麼，他就趕緊去做。我問他，當一個「高年級實習生」會不會覺得委屈？他說，完全不會，因為這是他非常想學的專科技術，強烈的學習動機，讓他不以為苦，儘管他常常疲憊到幾乎天天睡在醫院裡。

外子終於拿到心臟外科專科醫師執照。他是全台灣少數擁有胸腔外科及心臟外科兩個專科執照的醫師。有了兩張專科醫師執照，外子在外科領域的路更寬廣，他能幫肺癌病患開刀，也能照顧心臟外科病患。

四十一歲都能跨科別，年輕世代就更不能害怕改變。我的一位記者朋友，在三十歲前，決定離開新聞圈，重拾書本考法律研究所，現在她開了律師事務所，擔任執業律師。

朋友原來是負責民進黨中央黨部的採訪路線，她的台灣意識鮮明，在民進黨還沒有執政的時候，她就對這個黨期許甚深，因此跑民進黨中央黨部的新聞對她而言，是一種樂趣。

這個樂於工作的年輕記者，有一天，看到一群資深前輩採訪一位疑似收賄的綠營人物，大家擠成一團，爲了避免影響電視台攝影機的拍攝，資深記者全都跪在這位綠營受訪者的面前，手拿麥克風，進行媒體聯合訪問。

她看到這一幕，心想，一個道德有瑕疵的政治咖，需要跪著採訪他嗎？「我年過三十以後，要這樣跪著採訪我瞧不起的人嗎？」「我能跪幾年？我跪得下去嗎？當記者眞的能實踐社會公平正義嗎？」

幾經思考，她決定立刻轉行，重回她大學的主修科系法律系，先考研究所、再通過國家考試，取得律師執照。

現在的她，是一家律師事務所的負責人。她常常幫新住民及受暴婦女打官司，她用她的專業，追夢並且實踐了她想要的公平正義。

或許你想問，萬一轉業不成功怎麼辦？別擔心，**你還年輕，還有機會回到原來的行業，只要你當初表現良好，名聲還在，回到原產業任職不是大問題。人生最大的遺憾不是轉業失敗，而是你曾經想試試看的事情，你沒有勇氣付諸行動，**到了中年只能感嘆「本來我可以，但是我沒有。」

我做了兩年公關工作之後，想重回新聞業，當時的我四十七歲，年紀並沒有成爲我的阻礙，先前在新聞圈累積的名聲與成績，幫助我順利重返新聞界。

你也許覺得我當初就好好待在新聞業，轉業當公關沒兩年又回到老本行，是不是浪費光陰？我感謝那兩年的公關實務歷練，讓我有能力在越南管理集團旗下的公關行銷活動公司。

多跳槽給自己加薪，多歷練確認自己所愛。凡是用心去做的事，都會成爲未來工作的養分，人生沒有白走的路，只有不用心浪費的光陰。

被主管凹，與其抱怨不如自救

職場裡，善良、好說話的員工，容易被主管凹，去做其他同事不願做的事，去補其他人不願補的缺。與其抱怨，不如就地學習。當你學到了，就變強了，你的強大讓你自由。職場，沒有白受的苦。

朋友們在不同產業任職，職場話題卻很一致。老闆都愛拍馬屁的下屬，老闆說什麼，大家點頭如搗蒜；上司都很沒能力，只有在「裝懂」跟「爭功諉過」這兩件事上，看到他們過人的實力；同事都很有心機，天天帶刀上班，冷不防地就捅你兩下；下屬都很白目，你對他什麼都不放心，而他最擅長的就是「放下」。

職場讓我們看透人性，讓我們對「人」失望。**「善良」「好說話」在職場容易吃虧，更精準地說，這樣的性格，很容易被主管凹。**

在公司裡，上司以「短期支援」或「臨時調度」爲由，叫我配合，我都會服從。職場有兩次經驗，分別是兩家不同公司的長官，曾經失信於我。說好的短期支援期限是三個月，後來變成回不了原單位；臨時調我到中部中心支援，一支援就待了三年八個月。

先說短期支援三個月的故事。

我曾在一家新聞台採訪中心工作兩年，那家新聞台的編輯中心，晚班工作人員的流動率很高，很多編輯不願意上晚班，也就是下午四點上班，工作到凌晨一點下班。晚班時段常常碰到突發新聞，若是遇到大事件，還會延棚，甚至通宵播到凌晨，直到凌晨五點，早班人員上班了，晚班人員才收工。

編輯中心晚班的編審，長期熬夜，不到三十五歲就中風，跟公司請辭。公司緊急找人補缺，沒有人願意接這個位子；向外挖角，各台晚班的人力一樣吃緊。此時，挖角我進這家新聞台的總監，祭出人情攻勢，拜託我「暫時」幫忙三個月，「先頂一下，我保證三個月內，找到晚班編審，放妳回採訪中心。」

當時好傻好天眞的我，相信總監的保證，我認爲一個員工，應該服從組織的指揮調度，三個月就算再苦，忍一下就過去了，抱著這樣的想法，我被調到編輯中心晚班。

想，是一回事；眞的做了才發現，沒那麼簡單。我習慣早起，上晚班讓我生理時鐘大亂。凌晨一點下班，回到住處梳洗完畢上床，已是凌晨兩點多，我固定清晨五點多會醒來，那三個月，嚴重睡眠不足。

忍，牙一咬，三個月過去了，我主動提醒總監，是否可兌現承諾，把我調回採訪中心？她和顏悅色地說：「我還是沒找到人，我跟總經理商量了，他同意幫妳升遷調薪，妳就好好待在編輯中心當晚班主管吧！」

這次，我以「生理時鐘無法適應」爲由，婉拒了總監的安排，我放棄升遷加薪，請她信守承諾，放我回採訪中心。

本來把我當「子弟兵」的總監，這時變臉了，「我是怎麼對妳的？幫妳升官調薪，還不滿意嗎？採訪中心不缺人，妳想回去沒位子了，自己好好想想吧！」

我請她給我一個月的時間，讓我好好思考。這段時間，我跟老東家取得聯繫，談妥工作後，遞出辭呈。

回到老東家工作，我負責新聞部的調度，之前四個月在編輯中心晚班的訓練，讓我有能力通盤掌握新聞台的運作。

曾經，我怨過總監說話不算話。後來回想，我感謝那四個月編輯台的訓練。如果沒有那次調動，我學不會新聞編排的邏輯思考、鏡面呈現的多樣性以及如何寫出吸引目光的標題。

善良好說話的員工容易被主管凹，被凹了，抱怨也沒用，請把事情做好，從中學習。**不用埋怨主管沒感激你的高配合度，他在意的只是，事情必須要有人去做，你之於他，只有一個意義：你是他認爲最好凹、最好說話的一位。**

我並沒有因爲這次被凹，總監失信於我而改變我的服從性。職場第二次被凹、又被主管放生，這次是臨時調派支援，一支援成了長期派駐。

當時中部新聞中心特派員懷孕，醫師交代要臥床安胎直到臨盆，再把坐月子產假算進來，大概需要一年的時間。新聞部經理指派我去中部新聞中心支援，當初他說得很清楚，等特派員「卸貨」能上班了，就把我調回台北。

還沒等到特派員銷假上班，新聞部經理在農曆年前，播完晚間新聞，當天遞出辭呈還即刻生效，不再踏進新聞部。我那天聽到消息，五雷轟頂，打電話給經理，不是關心他爲什麼突然辭職，而是想問他，誰會負責把我調回台北新聞部？他的電話關機，沒有人給我答案。

特派員在年後回到工作崗位，我請示新上任的新聞部經理及採訪中心主任，是否可以兌現「前經理」給我的承諾，讓我回台北原單位？他們給我的答案是，沒聽之前的經理說過這樣的話，依照他們的理解，我的調派不是臨時支援，而是長期派駐。

我提出疑問：「人事部門並沒有發出調派令，我的薪資單上印的單位還是新聞部採訪中心，不是新聞部中部新聞中心。」我想以「體制」說明當時的調派，是前經理以口頭指示的臨時調度支援，並不是正式的調單位長駐地方中心。

沒有人理會我的質疑。

那時中部新聞中心缺人，正需要人手，台北長官心裡想的是，我在中部正好補上這個缺，替他們省了招聘訓練新員工的麻煩。

沒有人認這筆帳。我想起電影《無間道》飾演長官的黃秋生墜落死亡，梁朝偉回頭看的那一幕。我突然懂了梁朝偉的眼神，安排你、答應你，一定會恢復你身分的那個人走了，而且是死無對證。你想回去，卻回不去了。

面對這樣的情況，哀怨地工作著、成天埋怨抗議都沒用。要把「無間道」昇華成爲「琅琊榜」。

胡歌飾演的林殊，在墜落火海前，謹記父親的最後叮嚀，「小殊，活下去！」林殊容貌盡毀，一代少年武將成了攪弄風雲的文弱謀士梅長蘇。梅長蘇說了一句有名的台詞：**「既然我活了下來，就不能白白地活著！」**這句話我改成：**「既然我被調來這裡，就不能空手而歸。」**

既然活了下來，就不能白白活著

也許現在的你，正處在職場一個不太舒服的位子，或許，你跟之前的我一樣，沒犯錯卻因服從長官的調度，去做一件其他同事都不想做的事、去補一個同事們都不願補的缺。

既然服從了調度，來到這個位子，**先觀察這個位子的工作，有什麼核心技術，是我可以學的？與其抱怨，不如把時間用來學習**。新的工作、新的環境與新的共事夥伴，這當中，一定有你可以學習的地方。

把握時間學習，如果沒有學到東西，吃「苦」這件事就只能增加我們承受委屈的能力，而「能受委屈」不是「才能」，無法替履歷表鍍金。所有無法替履歷表鍍金的事，就不要浪費生命時間在其中。

你是爲了學到核心技術而吃苦，不是爲了無法回到原單位心生怨懟，成天感到吃苦。

學到了，自己覺得夠了，沒人調我回台北，我跳槽其他新聞台回到台北。

我在中部新聞中心學會剪接，各種不同類型的新聞事件，我都會採訪。台北採訪中心分工細緻，每位記者的採訪路線明確；地方中心人力有限，每個記者不是以新聞事件的「屬性」區分採訪路線，而是以「縣市」畫分責任區。比方說，負責台中市的記者，台中市發生的所有新聞，管它是政治、財經還是社會警政……都是你的採訪轄區。

學到核心技術，爲這個學習付出代價，這才是你「既然活了下來，就不能白白地活著！」的理由。

學到技術就能「自救」，沒人調你回原來的位子，就自己跳槽去尋找更高、更好的位子吧！

從模仿中創新——中國的狼性

模仿是最穩妥的創新。

——騰訊創辦人馬化騰

朋友的妹妹請獵人頭公司幫忙找工作，她希望能有機會到中國大陸任職。朋友知道我曾在中國工作一年多，想聽聽我的意見。我一聽「中國」，就告訴她，根據我與中國籍老闆及來自中國各省同事共事的經驗，我絕對不會再選擇去中國工作。因爲，我非常討厭中國人的「狼性」。

結束中國的工作回到台灣，看到一些報導，讚揚中國年輕世代展現出的狼性，甚至鼓吹台灣年輕人應該多學著點，避免被搶走飯碗，我很不以爲然。

跟中國同事共事的那一年多，我看到的狼性，是全然從「利己」的角度出發，爲達個人目的不擇手段。文化大革命的鬥爭基因，爲了自保、爲了成功，可以六親不認、不擇手段的狠勁，深刻烙在他們每一個人的體內，成爲他們共同的DNA。

我觀察到的中國狼性，有下列幾點特色：

一、**形容詞超多，都很會說**。

我常懷疑我的中國同事們，一定是從小接受演說及舞台劇訓練。公司開個會，他們每個人都能主動發表意見，而且形容詞超多，感覺好像很有想法，但是**剝除這些形容詞，你會發現，他的想法其實很「虛」**。講了十分鐘的話，對於事情要怎麼落實、要怎麼具體執行的時間表，他一秒也沒提到。

「我們這個專題系列報導，要讓全國百姓看到，什麼是『中國特色的社會主義小康社會』，這是中國發展成爲世界第一大國的重中之重。」接下來背誦一堆習近平的演講詞，拉拉雜雜講了老半天，我還是不知道這個專題系列報導的重點，因爲連基本的要採訪誰？採訪什麼？都沒講到，只聽到一堆形容詞廢話。

在行銷新品牌山泉水的產銷會議上，主管們搶著發言，「我們要開發民族品牌，研發救國救民的新產品。」「我們的使命就是不讓美帝箝制我大中華的經濟命脈！」不過就是瓶山泉水，大夥兒賣力演講了老半天，還沒討論到最重要的市場定位、品牌名稱及行銷宣傳策略。

大陸同事們，每個人都很會「嘴」，到了要「執行」的時候，他們做出來的東西品質，跟他們說的，差了十萬八千里。本來要從「民生、經濟」角度製作的專題系列報導，最後做成了習近平語錄整理。一瓶山泉水，最後走低價路線，兩塊人民幣不知該怎麼扛起振興中華民族的神聖使命。

二、**臉皮厚，只求自身利益**。

在台灣當記者，我們是哪裡有新聞，記者就在哪裡。重大新聞事件，不管是天災還是人禍，公司沒有派你去第一線採訪，你肯定心裡不舒服，因爲能到第一線採訪的記者，是被公司重視、重用的記者。

有一次，超強烈颱風從珠海登陸，我派記者在颱風登陸前進駐珠海。

「我不去，就算公司有投保，我是家裡獨苗，公司能保證我完全沒事嗎？」這位拒絕在颱風天冒險採訪的記者，後來極力爭取到北京採訪人大開幕會議。我問他：「搭飛機到北京採訪，有墜機的風險，你不是家裡的獨子嗎？」他回：「這情況不同，北京人大新聞採訪，可以認識很多新聞同業的領導，這對我將來的職涯發展有幫助！」
所有的取、捨，都是以自身利益為目標，他們沒有所謂的「團隊合作」及「利他」思想。

三、**既狗腿又自大**。

他們的行為裡，沒有所謂的「尊重」及「輩分」。如果面對一位能決定他命運的人，他肯定會低頭求饒、百般討好。我的中國同事們會跟老闆秘書打探老闆的行程，然後在老闆必經路線上，來個不期而遇。恰巧碰到老闆有時間、能聽聽他提出的工作建議，他肯定把握機會，用盡一生字典裡的形容詞，好好講述一番；老闆若沒空，他能在老闆面前問聲好，得到老闆一個微笑回應，朝看笑容、夕死可矣。

這些逢迎拍馬的狗腿之人，會輕易地羞辱比他們位階低的人，他們不在乎別人內心的感受，**完全以自我為中心；面對威權，他們反而容易屈膝**。

「原創力」才是站穩市場的最大武器

這群狼性之人，攻於心計、精於算計卻缺乏創意，他們靠著世界級的模仿複製能力，「從模仿中創新」，憑藉這個本事，就能擊敗原創品牌，大舉攻占市場。小米科技就是個例子。

二〇一一年由雷軍領軍的小米科技，模仿蘋果iPhone，推出小米機，不僅是手機的外型設計及功能模仿蘋果iPhone，就連雷軍在發表會上的走位與動作，都毫不掩飾地抄襲賈伯斯，而被網民封爲「雷伯斯」。

雷軍在二〇一三年受訪時誇下海口，三年內，手機品質要全面「吞蘋摘星」，打敗蘋果及三星。

二〇一〇年起家的小米，從模仿中創新，自二〇一二年起，著重於專利布局，根據媒體報導的數據顯示，小米科技在中國申請的專利，截至二〇一九年底，大約有三萬三千多件。

不只小米科技，大陸很多的品牌發展都顯示，他們的模仿是借鑒標竿產品的優點，再根據自己所擁有的資源優勢，以「接地氣」的方式，考量市場需求，進行改良。這種**「從模仿中的創新」，讓他們能夠以後起之姿，攻占先行原創者的市場**。

面對這種「從模仿中創新」的市場攻勢，台灣年輕世代沒必要懼怕。「原創力」才是站穩市場的最大武器。模仿者永遠只能在後面，跟隨創造者的腳步。**大陸人缺乏原創力，因爲只有「自由」的空氣及土壤，才能孕育出「創造力」**。

台灣年輕人不需要中國的狼性，也不必害怕他們搶飯碗。因爲**職場眞正的成功，需要的是「創意」及「團隊合作」**。

只有狼性，一味地逢迎拍馬，欠缺眞正的專業實力及執行力，這種狼性只顯出一個人的廉價，這是職場裡，最低層次的汲汲營營。

一張離職單，顯露你是什麼樣的人

離職上班的最後一天比就職報到的第一天，更重要。
一張離職單，你離去的背影，看出你是怎樣的人。
請滿懷敬意與感謝，辦妥離職手續。

台灣社會極少數的上班族能夠一份工作做到底，一家公司待到退休，大多數的人在職場生涯裡，都有填寫離職單的經驗。離職前的最後工作日，比上班報到的第一天更重要。**你用什麼理由辭職？離職過程的每一道手續，直到你離開公司後的表現，這些都向人們展示，你是什麼樣的人。**

自從當了總經理，我開始了解大老闆們對於員工離職的心態與想法。當員工遞出離職單的那一刻，就是檢視他品格的開始。有些人在工作期間是一張臉；遞出辭呈後，變成另一張臉。

做了總經理之後，**我最討厭的，是「以離職之名，遂行調薪目的」的離職手法**。員工想爭取調薪，是很正常的事，你可以用量化或質化的方式，展現你的工作成績，跟上司要求加薪。千萬不要略過這個程序，直接以遞辭呈的方式，爭取調薪。

這分兩個情況說明。如果你先爭取過調薪而被上司拒絕，你改用請辭的方式，希望再度爭取加薪，坦白說，你辭職獲准的可能性會提高很多。倘若你沒有先表態爭取過加薪，而是直接以遞辭呈的方式表達不滿，希望公司能慰留你而加薪，這個手法，有時能成功，但你留下之後，上司對你的印象會打折扣。

對於大老闆及高層管理者而言，員工遞出辭呈，就是覆水難收的事。如果你還有一絲想留下來的心，就不用要遞辭呈的方式表達情緒。**離職是「結果」，不是「手段」**。你想要公司給你什麼，大可找上司談清楚，了解公司的立場後，你覺得這家公司沒辦法滿足你，遞出辭呈就不回頭。

離去的身影要優雅乾淨，留下好名聲

我的朋友在公司上班十年，要求調薪不成，決定請辭。直屬長官客套地祝福他一帆風順，其他長官在離職單上蓋章簽名，沒有人找他談話慰留他。朋友感慨地說：「十年，我沒功勞也有苦勞，裝個樣子慰留我，找我聊聊，有這麼難嗎？」我問他：「長官找你聊了，訴諸人情攻勢，還是不給加薪，你會留下來嗎？」既然做了決定不留，再多慰留的場面話，只是磨練演技、浪費時間而已。

遞出辭呈，代表你想清楚了，千軍萬馬也拉不回。欲去還留，會讓同事瞧不起你，讓長官對你心生疑慮。

我在收視率倒數第二名的新聞台工作時，收視率第一名的電視台某記者主動與我聯繫，他在這行表現優秀，是各台想挖角的對象，他告訴我，在原公司工作了七年，想換個環境，接受新的挑戰，問我有沒有機會一起共事。

這位記者提出幾項跳槽條件：包含月薪增加兩萬元、之前年資可以帶過來新公司延續、搭檔的攝影記者一併跳槽，月薪增加一萬五千元、休假自己決定、不代班也不値班，跳槽後一年，每月再調薪三萬元並且讓他升任政治組組長。「我有信心，會因爲我的加入讓收視率提升。」

我請示總經理，總經理認爲只要是「人才」，就答應他的跳槽條件。人資部門以「專案」處理這項人事聘用案。在他報到的前一天，我特別打電話提醒他注意事項，他卻告訴我，他決定留在原公司。

「Sally 姊，很抱歉，最近太忙了，我忘了提早告訴妳，我不去你們公司了，眞的很對不起！」我問他爲什麼突然決定不來了？他要求的所有條件，我幫他全爭取到了，他也知道這有多爲難。達到目的後，他非常高興，親自塡寫了報到日期，現在卻反悔，我想知道爲什麼。

「我本來要去你們台報到，也遞出了辭呈，可是新聞台總監親自慰留我，他知道我要去你們台，也不知道是誰洩漏了我的薪資，總監答應幫我調薪，加得比你們給我的還多，我就不好意思離職了，對不起啊！」掛了電話，我怒不可抑。

他的人事案，只有三個人知道：總經理、我還有親自操辦這項人事專案的人資長，我們三位都不會洩漏他的薪資及聘僱條件，洩漏出去只會讓其他同事不滿，造成管理上的困擾。

我打電話給那家新聞台總監，讓他知道，他被一個記者耍了，當了冤大頭。總監得知詳情，立刻約談這位記者，取消先前所有的承諾，「你要留就留，所有待遇都比照從前；你要走，這封辭呈我會立刻批准。」爲了讓自己有飯吃，這位記者留在原公司，而他利用「離職」要了兩家公司的行爲，讓他在這行惡名遠播。大家忘了他在專業上的優異表現，只記得他曾自導自演了這麼一齣大爛戲，搞臭自己的名聲。

他在原公司待下來，同事們看他的眼光讓他很難生存；想換公司，有了前例，各台對他敬謝不敏。

一張辭呈，顯露你是什麼樣的一個人。辭呈只有一個意義，就是我決定要走，無論如何，絕對不留。

那些遞出辭呈後，因爲加薪升遷就選擇留下來的人，同事們看你的眼光會改變；主管們也會因此知道，你是會利用辭呈，吵著要糖吃的人。我看過有人遞了三次辭呈，都還沒走，每丟一次辭呈就升一次官、調一次薪，這樣的把戲能玩多久？長官們心裡看透你這個人，只待找到接替人選，當你再遞一次離職單的時候，他們會祝你一路順風。

請滿懷敬意地面對你的離職單，決定交出去的時候，就剩下辦妥交接這件事。能配合公司的要求就多配合，離去的身影要優雅乾淨，留下好名聲，讓老東家想念你，成功的離職會得到一句「如果新公司對你不好，或你想我們了，要回來，歡迎你隨時再成爲我們的同事！」

離開後，不要說老東家及前長官的壞話，請滿心感謝曾經共事的歲月以及學到的一切。

該不該接受外派——海外工作的優缺點

我們的煩惱和痛苦都不是因為事情的本身，
而是因為我們加在這些事情上的觀念。
——奧地利心理學家阿德勒

職場生涯中，我有兩次海外工作經驗，一次在中國特別行政區澳門，一次在越南胡志明市。為什麼選擇出國工作？誠實地說，兩次都是我在台灣走投無路，找不到更好的工作，這樣的逆境，把我徹底推出台灣，離開二十多年的工作舒適圈，走向世界職場。

第一次接受澳門工作的邀請，是在父親過世後，我想轉業，獵人頭安排的工作機會，在面試那一關被問到，爲什麼有半年多的履歷空白，我誠實回答的結果，就是「回

去靜待通知」，然後再也沒有收到通知。（詳情在〈為人子女的難題：為什麼是我成了照顧者？〉）

面試、等待、等待、面試，這樣的日子過了大半年，我想還是請朋友幫忙留意新聞圈的工作，「重操舊業」可能比較有機會結束待業的日子。當時有位朋友在澳門一家電視台工作，這家電視台財務不穩，經常延宕發薪，造成員工流動率極高。朋友說：「公司正好缺一位新聞總監，妳要是不怕薪水遲發，可以來試試。」我把履歷表寄給朋友，沒多久，台長到台灣面試我。

結束面談前，我告訴他：「薪水遲發我不怕，但是不能不發，這點我很在意。」台長笑說：「絕對拿得到薪資，根據澳門勞工局規定，延遲發薪不可超過九天，違法的話，公司執照會被吊銷。」有了這個保證，加上薪資談得如我所願，我踏上人生第一次海外工作之路。

這家電視台的員工，百分之九十來自中國各省，台灣及澳門本地人不多。新聞總監的工作，除了負責每日新聞規畫之外，還要管理分公司。公司在香港、廣州、深圳、北京及台灣，都設有辦公室，為了開拓財源，只保留台灣分公司供應台灣政治新聞，其他分公司則以廣告業務為主。

廣州及深圳分公司，因應中國商業模式演進，發展成微電商，透過直播帶貨，販售各種保健食品、化妝品及電器用品。香港分公司跟香港賽馬會合作，拿到賽馬轉播權。這份新聞總監的工作，跟台灣新聞總監很不一樣，除了新聞之外，要涉獵了解的範圍很廣。

我很感謝這份工作的歷練，雖然薪水沒有一次按照規定日期發放，但是工作的挑戰及學習，其價值已超越薪資金額。

跟中國大陸同事共事的經驗，讓我領教台灣職場不曾碰過的人性面。台灣人常掛在嘴邊的「不好意思」，對大陸同事而言，是人生字典裡用不到的語彙。面對自己想要的機會，大陸同事絕對不客氣地奮力搶奪，他們爲自己前途拚搏的狠勁與手段，不管你欣不欣賞，你得承認，他們離「成功」越來越近。

大陸同事們的急迫感，想在35歲以前「功成名就」「名利雙收」的急切性，跟中國市場的快速變化息息相關。有中國工作經驗的人會同意我的感受，這個市場把其他國家市場，也許五年或十年，才會發生的變化，壓縮到一年甚至半年內發生。有些享譽全中國的大品牌，像是紫光集團、SOHO中國，紅沒幾年，就破產或轉手販售；有些大家不看好的牌子，例如中國喜茶，上市沒多久，卻成了熱銷品牌。

這段工作經驗，時時提醒著我，**後浪隨時會拍打過來，市場隨時在變化，千萬不能**

中斷學習。

第二次接受海外工作的邀請，是我的公關人生走到盡頭的時候。當時我被指派負責一個大陸客戶的專案，客戶索求鉅額回扣，在執行專案的過程中屢遭刁難，因此我在完成結案報告後，決定離職。獵人頭公司問我，有沒有興趣到東南亞工作？越南的工作職缺需要一位懂得電視台經營及有公關實務經驗的人。我第二次踏上海外工作的旅程。

在越南，我看到年輕世代對語言學習的熱忱。我接觸到的同事們，都具備至少一種外國語的能力。這幾年，隨著日本、韓國及中國不斷加大對越南投資，越南年輕人除了會說英語，不少人會說中文、日文或韓語。

越南的市場發展，有部分複製中國模式，跳躍式的迅速變化，讓人應接不暇。這一年還停留在3G，明年直接跳到5G；類比訊號（Analog signal）還沒退場，數位訊號（Digital signal）及新媒體同時來到。

海外工作會讓你親身感受到世界市場變化得有多快。要領高薪、確保工作飯碗，你得讓自己成爲跨產業的人才，因爲你知道在世界職場的競爭對手來自國際，不再侷限於台灣本島。你因海外工作開拓了視野，此時，必須留意一些隱憂。

當你看慣了大市場，習慣動輒幾億的預算執行操作，一旦發生不可預期的情況時，例如爆發新型冠狀病毒疫情，你突然「被失業」，這時想在台灣就業，會遇到一些難題。

外派三年抵台灣十年，快速累積財富

我的朋友Frances在外商獵人頭公司擔任副總經理，她說光是二〇二〇上半年，她手中就有超過二十份擔任過總經理的履歷，有海外回台找工作的CEO，也有台灣外商公司的總經理，正在待業中。這二十多人有三個共同點：

一、年紀都在五十歲以下

二、之前的年薪都超過七百萬新台幣

三、現在都在台灣待業中

不管在哪裡工作，在你填寫入職單的第一天，心裡就必須同步存檔一份離職單，「入職跟離職是連體嬰」正如「就業跟失業是雙胞胎」。不論你在哪裡工作，都要事先替不用去公司上班的那一天，做好規畫準備。

趁著在海外工作的機會，努力存錢，分散風險做好理財投資，同時注意各種就業訊息，留意就業市場的變化，雖然在海外工作也不要斷了台灣人脈的聯繫，以備不時之需。

台灣市場小，沒辦法提供海外工作的高薪；你的一身好本領，就算有能力執行預算超過幾十億元的大專案，在台灣這個市場，可能也派不上用場。回台求職，需要認清現實，提前做好心理建設，待業期會拉長，薪資會降低。

儘管如此，如果時間重來，我依舊會選擇到海外工作。在越南那三年，我存錢的金額比在台灣工作十年還多。**海外工作不僅能快速累積財富，同時能在極短的時間內，讓你暴風式成長。任何年紀都適合外派，只要你願意走出台灣，全世界都是你的舒適圈。**

老闆的風水命理學

員工看來覺得無稽可笑，但對老闆而言，卻是至關重要。因為，這是他的相信。

過年前看到一篇新聞報導，有員工爆料，被迷信的老闆在年前資遣，理由是「神明說我不OK！老闆請乩身來公司看過，也認為我不OK！」這位爆料員工被神明認證是「有害的」。他說這段被資遣的經歷，榮登目前人生中，最荒謬事件第一名。

職場生涯裡，我也遇到類似的老闆，很相信他們所供奉的神明。這兩位老闆的共同點是，**手機號碼末三碼都是168；以及在公司都有供奉神像**，做任何事情之前，必先請示神明。

A老闆的事業版圖大且多元，電視台是他初期獲利的金雞母。電視大樓的一樓，專門設計了一個小空間，供奉一尊媽祖神像。

A老闆每天上班的第一件事，就是到神像前上香「這是幫助我發跡、賺到錢的媽祖。」A老闆告訴同仁們，這尊媽祖很靈，歡迎大家去許願。

舉凡公司有新的節目要上檔，或是新的戲劇要開拍，製作人總是先到這尊神像前許願「只要收視率破1，我就打一面金牌送給媽祖。」我在這家電視台待了五年多，媽祖的金身已掛滿金牌，再也找不到空隙可掛，於是，後續的金牌，就乾脆放在神桌上。

我的同事們，把這尊媽祖當作問事的對象。有人要離職，到媽祖神像前擲筊，獲得媽祖允許後，就痛快遞出辭呈。「連老闆的神明都贊成我離開這個老闆，你說，我還留得下來嗎？」

A老闆大概壓根沒想過，幫助他起家的媽祖，成了員工的離職顧問。

B老闆的事業，以藝人經紀爲主，攤開她經紀公司旗下的藝人名單，全是天后、天王級的大牌歌手。B老闆的辦公室裡，有一個密閉式的小房間，除了她以外，沒有人可以進入。

小房間常飄出檀香味，有次小房間漏水，B老闆找人修繕，修繕期間，我從門縫中，瞧見了小房間裡，放了一張很大的神桌，上面擺滿各種不同的神像。

有一天陪B老闆出差，我好奇地詢問她，那些神像之於她的意義。B老闆說，演藝圈，藝人要紅，很難；要長紅，更難！為了長保經紀公司旗下藝人各個有發展，她供奉了各路神明，各有各的任務，守護不同藝人的事業之路。

這真是分工細緻的超級任務！

有一年，公司負責金曲獎的現場轉播，那段時間梅雨鋒面夾帶雷雨胞，已經連續下了快兩個星期的大雨，轉播工作最怕遇到雷雨天影響訊號傳送；明星走紅毯這個最具看頭的重頭戲，更怕雨天攪局。

負責金曲獎轉播的團隊跟B老闆開會的時候，擬定了幾項備案，最壞的打算，就是取消明星走紅毯。對於大夥擔心的這項天氣因素，B老闆篤定地告訴大家：「別怕，紅毯照走，不會下雨！」

轉播當天從清晨開始下雨，到了下午四點，雨勢不見停歇。導播擔心地說：「五點就要走紅毯了，這麼大的雨，穿得再性感也成落湯雞，沒看頭了。」

大雨一直下，到了下午四點五十分，雨突然變小了，五點整，雨停了。

明星走在濕漉漉的紅毯上，性感美艷不減，依舊魅力四射。直到所有明星都進入國父紀念館，晚間七點，主持人宣布金曲獎頒獎典禮開始，突然，場外一聲雷，大雨滂沱下。

場外轉播團隊鬆了一口氣，大家好奇，怎麼就這麼精準的兩小時沒下雨？留守公司的執行製作小桀，給了大家答案。

當天下午約莫兩點多鐘，B老闆請了一位道士到辦公室的小房間作法。小桀說，道士一人在小房間內，不斷誦經，到了下午四點半左右，分貝逐漸加大，到了五點到達最大音量，之後道士用盡洪荒之力持續兩個鐘頭不間斷誦經，直到晚間七點，道士作法完畢，疲累倒地。

除了這兩位老闆外，我遇過面試要求應試者必須提供生辰八字的公司，因爲公司要請命理顧問核對面試者的八字，是否跟大老闆相合；還有公司在面試最後一關，要求應試者抽塔羅牌，由此判斷應試者是否能替公司帶來好運，再決定是否錄取。

職場工作近三十年，看過形形色色的老闆，我發現，**越相信風水命理的老闆，通常耳根很軟，公司是非多，小人也多。**

職場想要做自己，你得先是個咖

當你不是個「咖」，你的任性只會把自己往垃圾桶扔；
當你成了「咖」，你的任性變成了特色與魅力。
這就是somebody與nobody的差別。

新聞工作者，不管是第一線的採訪記者或擔任新聞主管，通常都很有個性。「順民是當不了好記者的。」以前我的長官這樣說。記者要會問問題、善於觀察、挑戰權威，有自己的觀點，下筆才有力道，才能成為一個好記者。簡言之，好記者不是順民，而是刁民。

在新聞台當主管帶領一群「刁民」，你用威權管理是沒用的，你吼他、他肯定反嗆你。我們稱呼長官是「××哥」「××姊」，喊對方的名字加上哥或姊，沒人喊你的職稱，就算你貴爲新聞部最高領導，同仁還是喊你的名字再加上一聲哥或姊。

我當過刁民，也當過刁民們的長官。**職場裡，好使喚，不抱怨，如期完成交辦的任務，這是長官最愛的下屬典範**。

長官願意忍受「刁民下屬」，是因爲在這個當下，長官還需要你的某些獨特貢獻，在還沒有人可以取代你的情況下，願意「暫時」忍耐你的脾氣、個性。

我當政治組組長的時候，遇到政治新聞突發事件，要臨時調派記者去採訪，我會避開有能力的刁民，選擇能力可能不是那麼強，但是配合度超高的記者去現場採訪。突發新聞事件是跟時間賽跑，我沒時間安撫能力90分的刁民，跟他說明爲什麼一大早要「恭請」他去採訪新聞；我寧可打電話找一個能力85分，不用多解釋拜託，叫他做什麼他就會去做的人。

能力好的刁民下屬，獨家新聞貢獻多，長官會忍受他們的壞脾氣及任性；但是，一旦挖角到有能力貢獻獨家新聞的記者，加上個性好溝通，刁民下屬就可以回家吃自己了。**沒有一個長官需要「順著毛摸下屬」，而是下屬需要揣摩上意。**

如果你沒有「不可取代」的眞本事，又太有個性、太任性的話，在職場通常不會有好下場。就算有眞本事，刁民個性，還是會讓長官想辦法找人取代你。這年頭，每個行業能做到某個位階，大家能力不會相差太遠，找人取而代之，不是難事。全台灣不是只有一位獨家記者，也不會只有一位超級業務員。

當主管之後，我承認，寧可跟能力70～80分的聽話下屬共事，也不願忍受跟能力90分以上，太有自己意見的下屬合作。這缺少的10分，我會用其他方式補上。

現在受的委屈與努力，是爲了總有一天當上一個「咖」

職場上想很有個性地「做自己」，需要時間成就。任性做自己，讓長官及同事們接受你的「難搞」，首先，你得是個「咖」。不是咖之前，你的難搞只會突顯你的白目無知與無禮。

當你還不是個「咖」，你就不能把自己當成「任我行」。金庸小說裡的任我行，是日月神教教主，武功修爲深不可測，吸星大法名震江湖，當你成了江湖上數一數二的人物，你就是任我行，其他人看到你會自動讓路，讓你行。

在成爲「任我行」之前，我們都是江湖嘍囉。在職場上，必須展現高配合度及團隊精神。你唯一可以做自己的時刻，大概就是一個人洗澡的時候。其餘時間，你的人生都在配合家人、老闆、長官及同事們。

你現在受的委屈與努力，是爲了成就你，在可預見的未來，成爲一個「咖」，成爲「任我行」。屆時你的任性會變成你的特色與魅力，別人會來配合你。然而，你觀察**那些已經是「任我行」的人，他們的「做自己」是包含了高度的自律，而不是恣意放縱**。

網紅「國際美人」鍾明軒暢快淋漓地做自己，二〇二〇年他是全台排名第十名的YouTuber。即使成名了，還是天天上傳影片，他的服裝及講話內容從來沒有重複。每天拍攝新影片，還要想不同的主題內容，這是自我要求及自律的展現。歌壇天后蔡依林也是極力倡導「做自己」的人，從出道到現在，不斷鞭策自己，每張專輯都讓人感受到她的蛻變與提升。

「做自己」是高度自律的結果。**那些把「做自己」等同恣意放縱、任性妄爲的人，只能證明他是個白目。白目也會成名，但曇花一現，最終成不了「咖」**。

想在職場長久生存，就不要太任性，服從組織規範與領導，才是王道。好好觀察你所在的組織，能升上去當官的，未必是能力最好的，但肯定是聽話的。

我的斜槓之路

成功的反面不是「失敗」，而是「不行動」。
你現在做的每一件事，會決定你將來的樣子。

我的寫作之路，是這樣開始的。

二〇一八年底因結婚嫁到花蓮，我結束在越南的工作。離開越南之前，我主動寫信給國立東華大學民族語言與傳播學系的系主任，希望有機會能到大學任教，教授「新聞採訪寫作」及「公共關係」等相關課程。我的主動，替我打開了一扇門，回到台灣，無縫接軌地繼續工作。

一學期十七堂課，我會利用兩堂課的時間，邀請業界人士到系上演講，讓同學們了解實務界的運作與市場需求。新聞採訪寫作課程會教到新媒體的寫作與如何創造病毒式的傳播效應。年輕學子對新媒體的興趣大於傳統媒體，實務人士的講座，同學們希望邀請網紅到系上分享經驗。

我在越南工作的那段時間，正是台灣網紅文化迅速發展的時刻，現在要我去找網紅，請他們專程跑一趟花蓮跟一百多位大學生演講，說眞的，這任務太艱難。有名的網紅出場費太昂貴，以系上微薄的演講費及車馬費，根本請不動他們；而名氣不夠的網紅沒號召力，同學們沒興趣聽。

成功只需跨出兩步

無助的時刻，朋友是最好的幫助。

我想到好友黃大米，她是成功的網紅，不僅能分享她怎麼經營粉絲專頁，用文字變現之外，還能以職場作家的身分，提供同學們就業須知。

在聯繫大米之前，我做好被拒絕的準備，那段時間她正準備出第三本書，每天繼續在粉絲專頁貼文，時不時地開團賣保健品，Podcast不忘天天更新，這麼忙碌地經營斜槓，她還有一份正職，需要固定去上班。

接到我的電話邀約，大米沒有問酬勞，立刻答應到花蓮演講。「我不是去演講，我是去看我的朋友，妳！」大米的回覆，讓我好生感動。

黃大米到系上演講的消息，傳遍東華大學。助教申請系上最大的一間教室，足以容納兩百多人的空間，各系的學生，包含碩士班的研究生，擠滿所有座位，連走道都坐滿人。

大米請大家聽完演講，立刻付諸行動，「等下演講結束，你們在座位上就可以開始設立一個粉絲專頁，一天一篇地寫下去，持續至少一年，我保證，堅持到底，你一定會看到成績。」

「金句王」黃大米送給同學們一句話，作為演講的結語：「**成功只有兩步，開始的第一步以及堅持到最後一步！**」

這是一場激勵人心的講座，同學們聽演講的當下，各個眼睛發亮，恨不得立刻展開行動，直奔成功之路。演講結束的隔天，我觀察同學們的FB及IG，發現沒有人「聽其言、起而行」。作為老師的我心想，我常提醒同學們**「做比說重要」「你的執行力決定你的獲利」**，既然如此，我是不是該以身作則，示範一次給同學們看，讓他們親眼見證**「執行力」是成功的必要元素**。

我在大米演講結束的隔天，二〇二〇年十二月十日，開設「莎莉夫人的工作生活札記」專頁，寫下第一篇文章，並且按照黃大米給同學們的建議，主動投稿給媒體，以無償授權刊登的方式，爭取曝光機會，讓更多的讀者可以注意到這個專頁。

一開始投稿並不順利，我的文章被某周刊編輯嫌棄「沒有跟著時事走，無法吸引點閱」「職場文太多了，妳寫的角度既沒比別人新也沒比別人好。」

周刊編輯對我的批評，沒有影響我的前進。我不跟其他職場作家比，也不蹭時事，秉持初衷，一天一篇，寫下我的職場經驗與觀察。一開始，我只邀請十位親朋好友加入專頁，不間斷地寫下去，三個月已有九千多位追蹤者。

這期間，我除了寫作就是閱讀。不是中文系畢業也沒受過寫作訓練的我，從大量閱讀的過程中，學習其他作家寫作的技巧。我相信，**原生原創的經驗分享，會感動讀者，技巧只是強化溝通的工具**。本著這樣寫作的信念，寫到第二個月的時候，就有出版社主動與我聯繫，問我想不想出書。

出書，是我從來沒想過的事。開始寫作，很單純的，就是示範給同學們看，**聽完別人的經驗分享，最重要的，還是自己動手去做**。不然聽演講，就是當下感動完，就結束了，你的生命跟沒聽演講的時候一樣，完全沒有改變。

做眞心喜歡的事，自律就會成爲本能

「開始行動」是做任何事情最重要的一個步驟。行動，不見得會成功，但是不行動，肯定不會成功。

開始行動之後，不要想著要馬上成功。**發展斜槓，至少要努力一年以上的時間，才有可能看到一些成果**。以寫作爲例，這是你一個人的戰場，一個人面對電腦，整理自己的思緒，一字一字敲打成文章，要耐得住孤寂。

當孤獨寫、努力寫，專頁追蹤人數停滯不增的時候，不要因此失去信心感到迷惘。與每一段低潮同生共感，即使是苦的、痛的，將來都有可能變成寫作的養分，成爲生命的禮物。

想發展斜槓，現在就開始尋找你可以做什麼事以及喜歡做什麼，當你眞正喜歡做一件事的時候，自律就會成爲本能。一天寫一篇文章，或是一天拍一支影片，就不會是痛苦不堪的硬規則，**當你樂在其中，不把「名利」擺心頭，這樣發展斜槓，才能順利度過初期的「沒名氣、無獲利」**煎熬。

找到興趣並堅持到底之外，**發展斜槓，心態務必歸零**。不管過去你在正職本業上有多少豐功偉業，掛什麼頭銜職稱，在發展斜槓的當下，把自己歸零。**唯有心態歸零，才**

能催逼自己再學習，把斜槓當作「職涯」來規畫與經營，發願用一萬個小時，拉出第二條事業曲線。把自己當成一個品牌在經營，用自己的方式，說自己的故事。

不要複製別人的成功模式，你就是你。一樣寫職場文及人生體悟文，每位作者的生命軌跡不同，寫出來的東西就不一樣。別人有別人的智慧，你有你的深度。

發展斜槓迄今，我感謝讀者的持續閱讀，讓我有動力繼續寫下去。我感謝好友黃大米的啓發與鼓勵，她多次分享我的文章，讓更多讀者注意到這個專頁。大米幫助很多人走上寫作之路，她沒把大家當作潛在可能的競爭對手，反而樂於提攜有興趣寫作的人，這樣的胸襟氣度，是我學習的榜樣。

我在五十二歲這一年，開始寫作之路。**發展斜槓，年齡不是障礙，只要有興趣、有心堅持下去，**the best is yet to come.

當主管，不怕菜鳥，怕白目

越級報告是自殺炸彈客的行為。

尊重你的主管們，學習換位思考，能幫助你不白目、不踩雷。

當主管後，我發現，如果只有兩種下屬可以選擇，一是初入職場的菜鳥，沒有實務經驗，但是學習態度良好，工作勤奮；二是有一點年資，自覺有點本事，可以挑三揀四，只做自己想做的事。這兩種人，我寧願選擇跟菜鳥共事。

菜鳥有極大的可塑性，只要智力正常、態度謙遜肯學，對工作充滿熱情與企圖心，不用太長時間，就能成爲可用之材；反觀稍有一點年資，就擺出職場老大哥、老大姊架式的下屬，這類人認爲自己的能力夠了，早沒了學習動機，耍大牌、自以爲是的下場，很容易被主管淘汰。

當主管的人會同意我的看法，我們**不怕菜鳥，就怕不長眼的白目下屬**。菜鳥沒經驗，當主管的我們很樂意教；但是白目下屬，就讓人難以忍受。

職場上，不會做人或常常得罪人還自以為理所當然的人，職場路走得艱難，也難走得久遠。

越級陳情，萬萬不可

我當新聞部經理的時候，新聞部副總是我唯一的直屬長官，他充分授權我打理新聞部所有單位。這位副總負責新聞部專案業務及跨部門的合作案，平日極少過問新聞部運作。

有一天，某位資深文字記者跟我商量，她想請兩個月的假，但是手上可用的假沒那麼多，希望我通融給她一點方便。她說，結婚五年沒有懷孕，想用兩個月的時間調養身體，順便跟老公按表操課，增加受孕機率。她很直白地稱她請的假叫做「受孕假」。

我問她：「妳在找我之前，請示過妳的直屬主管了嗎？」她回：「我問了，沒被批准，才找妳幫忙。」「既然妳的主管沒准假，我尊重單位主管的決定。」

這位記者不死心，直接找新聞部副總陳情。隔天她遞出假單，上面沒有任何一位主管的簽名同意，她就去休假了。

單位主管打電話給她，她不接；我問副總怎麼回事？副總說，女記者跟他哭訴，再不生孩子的話，婆婆要兒子離婚另娶。副總心軟答應她的請求。她認爲有了副總撐腰，就不必理會包含我在內的其他新聞部主管，逕自休長假去了。

她囂張白目的行徑，惹怒了所有人。擔任主管職的同仁們跟我抗議，越級陳情，此風不可長，以後記者們起而效尤，都去找副總哭訴，「我們還帶得動下屬嗎？當主管沒了威信，誰鳥我們？都去找副總就好了！」記者們也不滿：「什麼叫受孕假？我可不可以說我男朋友現在就有需要，請給我兩小時的假，讓我滿足他，等確定受孕以後，再回來上班？」

兩個月後，這位記者回來了。直屬主管問她，兩個月天天做，應該懷上了吧？她回：「還沒呢！我今天進公司不是來上班喔，我是來找副總，再要兩個月的受孕假！」

這次副總沒答應她，而是遞給她離職單，請她直接簽名就可以了。離職單上的離職日期是即刻生效，離職原因副總幫她寫好了：本人因計畫受孕，無法勝任目前工作。

團隊合作需要的是「團性」，不是你的「個性」

沒有員工可以率性地在公司任意來去。職場裡，「越級報告」是自殺炸彈客的行爲。尤其是你的直屬主管已經否決的事情，你不死心，背著他，往上提報，除非此事攸關公司利益或涉及直屬主管道德瑕疵，否則你的越級報告，只會讓你被衆主管們聯手夾殺。**當你越級報告的那一刻，你已經在跟主管宣戰**。

不要仗著自己在公司稍有年資，就以爲可以跟直屬主管平起平坐，甚至自以爲已經大尾到可以不甩主管。他官位再小，也是你的上司。主管們喜歡聽話服從、好調度的下屬；下屬意見多、個性難搞，倘若在工作上有些戰功，主管們會勉爲其難地忍受一下，但肯定會想辦法安插自己人馬，方便日後調度。假如下屬表現平庸，卻常常要大牌、要特權，不把直屬主管放在眼裡，這種白目行爲，只會讓自己提早被淘汰。

職場不是讓你暢快淋漓「做自己」的場所。團隊合作需要的是「團性」，你得收斂自己的「個性」，與團隊配合共同達成公司目標。

在公司裡，**直率提出建言或表達個人需求，遣詞用字要謹慎。直率不是白目，「態度」決定了兩者的差異**。在組織裡，你的言行必須符合組織的規範，學習換位思考，可以幫助你不白目、不踩雷。

討厭你，恰巧而已——空降的存活術

不管是當「主管」還是「被領導」，「空降」這件事都不太容易。
遇到空降的主管，或自己就是空降者，該如何應對與存活？
幾個提醒，幫助你安穩降落並在殘酷的職場競爭中，存活下來。

你有沒有這樣的經驗？剛到一家公司任職，不知爲何，你的直屬長官或某個同事，就是討厭你。這種討厭讓你無法理解，因爲你初來乍到，還來不及累積彼此的怨懟；推給前世、業障、冤親債主，也難就此解開心中疑惑。

小蓮的經歷，就是個例子。

她在貿易公司表現優異，工作七年累積好口碑，成爲這行業的搶手貨。小蓮接受一家大型貿易公司總監的邀請，空降成爲中階主管，一到新公司，她的直屬上司Abby，表面對她熱絡，實則讓她吃了不少悶虧。

「我們之前從來沒有交集，我剛到新公司，也沒惹她，對她的指令百依百順，不知道她爲什麼就是討厭我？」有次小蓮休三天年假，返回台北工作崗位的前一天，小蓮主動打電話給Abby，因爲接下來換Abby去休長假，兩人互爲代班人，工作必須進行交接。

Abby熱絡地問小蓮：「南部陽光不錯吼！」Abby飛揚的語氣，讓電話那頭的小蓮感受到，她期待放長假的愉快心情。

「是啊！工作久了要休息一下，謝謝妳，讓我先休假。」小蓮客套後，問Abby有什麼工作要交接。

Abby回她，所有事情她都處理好了，相關事項進度都在電腦檔案裡，小蓮只要按表操課即可。

小蓮一上班就打開Abby所說的電腦檔案，詳細看了一遍，不疑有他。

早上八點的主管會議，輪到小蓮代表她的部門進行報告，還沒開口，當時挖角小蓮的總監問：「××專案，要補給客戶的品項，現在處理到什麼進度了？」小蓮愣住，她完全不知道這是什麼專案，在Abby的交接檔案裡，也沒提到這事。

總監暴怒，小蓮只能從總監飆罵的詞彙中，大概拼湊出這個專案的一些樣貌。

主管會議結束，九點了，小蓮的下屬們陸續進入公司打卡上班。小蓮抓了一個跟她交情較好的下屬詢問，才知道下屬們都有把手中的工作進度，key到這個檔案裡，包含總監在意的這個十萬火急的專案。「我有看到負責這個專案的Kevin有key這個專案進度，不知道爲什麼妳一上班就突然不見了。」

小蓮不甘被陷害，找Kevin詢問，兩個下屬的證詞一致。接下來的問題是，部門的電腦檔案，只有上司（Abby及小蓮）有權限更改下屬的內容，是誰在小蓮銷假上班的前一天晚上，刻意刪了Kevin的工作日誌？

原本是總監心中「紅人」的小蓮，因爲這起事件，瞬間翻黑。小蓮不明白，Abby這樣整她，能得到什麼好處？小蓮心中的疑惑，在某天加班到晚間十一點，離開辦公大樓的那一刻，得到了解答。

深夜下班的小蓮，在公司大樓對面等計程車，看到一個穿著黑色皮短褲、長筒靴的熟悉身影，甜膩地依偎在另一個熟悉的背影懷中。小蓮定睛一看，是Abby跟部門的下屬David。

在小蓮空降前，Abby視David爲工作上的最佳輔佐，好幾次替David爭取升遷機會，希望由David擔任副手，卻被總監擋下。Abby跟David各有婚姻，兩人間的曖昧情愫，是辦公室的禁忌八卦。小蓮在不知情的情況下，擋了她情夫的升遷之路，兩個女人注定成爲仇家。

我告訴小蓮，任何人當這個副理，都會被Abby整垮，不爲別的，因爲妳「剛好」坐了這個她姸頭想要的位子。討厭妳，只是恰巧而已。

空降主管求生術

上班族轉職、換工作，極有可能碰到像小蓮一樣的狀況，不想莫名其妙地被討厭或不知所以地提前陣亡，請注意以下「空降求生準則」：

第一、面對空降的高階主管，先觀察這位空降新領導的做事風格。**過了三個月，如果他倖存下來，「好好與他共事，服從他的指揮」**是上策。

倘若空降來的主管，只是中或低階管理人，這分兩個層面說明。

一、你是他的下屬：

只要表現出聽話負責的態度即可，不用急著去投靠效忠、也不必害怕他找你麻煩。

中、低階空降主管初來乍到新環境，他們比你更急切地想尋求組織認同，他們更想在短期內展現戰績，因此，你只要配合演出即可。太早去跟空降的中、低階主管宣誓效忠，他會提早把你視爲理所當然的「工具人」而非「自己人」，因爲是你，先把自己變成了廉價下屬，他連收買人心的機會，都被你省了。如果空降的新主管，沒能挺過三個月，而你太早去投靠宣誓效忠，以後會變成組織內的笑話。

二、你是空降的中、低階主管：

就像小蓮，剛到新環境，就算你是被挖角來擔任中階主管，夾在上司與下屬之間，他們在這家公司待得都比你久，建議你剛上任，先別急著表現。安靜觀察上司的做事風格與他的派系人馬，了解下屬當中，有哪些人你碰不得或你不能惹的，先挺過三個月，如果你能適應，恭喜你活下來；假如不適應，趁早走人。

最後，不管是空降擔任主管或是下屬面對空降主管，**「尊重組織原有的人力與規範」是初期雙方應有的態度。空降主管應花至少三個月的時間，耐心觀察組織內的情況**，等站穩腳步做出成績之後，要砍要殺，不遲。

高年級職場倖存者求生術

職場年資不是人壽保險，做得越久，未必領得越多；
在職場，「年資」通常不是資產，而是負債。
「沒功勞也有苦勞」這句話只能安慰自己，沒法說服老闆。
老闆願意花錢買的，是你的技術與能力，不是你的年資。

上班族的年紀來到四十歲，會思考自己距離法定退休年齡六十五歲，還有二十五年的時間，這段時間該怎麼自處，才能領到退休金，安全下莊？

現實情況是，一般私人企業，對於五十歲以上的員工，不太友善，如果你在五十歲前，還沒有個一官半職，或只是個小主管，企業在面對不景氣的時候，極有可能以縮減人力爲由，資遣資深員工。更悲慘的是，一旦被資遣，中年人很難再找到合適的工作，薪資太少，覺得委屈；位階太低，看不上眼。待業期拉長，你的價值在等待的時光中，日益遞減，直到自己都厭棄了自己，還是等不到好的工作機會。

高年級職場倖存者，該怎麼做，才能繼續安生？**建議大家從三十歲就開始想，你希望十年後的你，是什麼樣子？**四十歲的時候，檢視自己是否活出你想要的樣子？並且再一次地試想，十年後的你，會在哪裡？**每十年想一次自己的未來在哪裡**。

從三十歲開始，**每十年，給自己一個目標。再把這個目標，切成幾年，分成幾個階段計畫去實踐**。設定計畫必須以現實爲基礎，考量自己能接受的強度和工作量，過分要求或想一蹴可幾，很容易讓計畫變成泡影。

定期檢視計畫進度及成效，每完成一個計畫，就給自己一點鼓勵，形成一個正向循環。在執行階段計畫的初期，每個人可能都還不具備同時處理諸多事項的能力，不要對自己過分苛責，這段期間是建立「習慣」的重要關鍵。你能分辨事情的輕重緩急，就能控管自己的時間，不浪費光陰在無助於計畫實踐的事情上。

執行計畫的過程中，你會發現，自己還需要加強哪些技能？投資時間去學習，你把時間花在哪裡，時間會給你最好的反饋。

你希望十年後的你，對你說什麼？

我在三十歲的時候立定志向，希望十年後的自己能當上新聞台的最高主管。爲了達成這個目標，我把十年切割爲四、四、二年，三個階段。

我觀察現任新聞總監具備哪些能力，把這些技能列成一張表格。前四年，我把基本功練好，怎麼採訪問出好問題？怎麼突破受訪者的心防，讓人願意跟我深談分享心事？怎麼寫一則好故事？我看了很多採訪寫作的書籍，一遍又一遍地仔細看資深記者的得獎作品，拆解他們的敘事架構，研究他們的遣詞用字還有轉場方式，這四年好比蹲馬步，站穩了才能往上爬。

第一個四年，我要求自己必須做到一個小主管的職位。這些基本功的訓練，讓我成爲一個表現突出的文字記者，長官在兩年後，我三十二歲，提拔我成爲政治組組長。

再一個四年，我把重心放在怎麼當領導。對內，既然想當新聞總監，就必須對新聞台各單位有全盤的認識。我已經是個小主管了，就利用這個職務跟各單位接觸合作。碰到涉及公司跨部門的專案新聞，我會搶著去做，因爲這是讓我快速了解公司各部門運作的最佳方式。對外，我花錢上課，學習領導統御、企業組織管理與溝通。這段期間，我完成了階段性目標，升任新聞部經理，距離總監一職，只有一步之遙。

定期審查自己的目標完成進度，會幫助你調整步伐節奏。最後一個兩年，我把學習重心放在財務管理及人資訓練。我在三十九歲的時候，當上新聞總監，比我規畫的十年進度，提早一年完成。

你希望十年後的你，站在現在的你面前，對你說什麼樣的話？我想過這個問題，我的答案是：「謝謝妳，辛苦了，成就了現在的我。」

四十歲的我，訂出的十年目標是當公司總經理。我一樣把十年目標切割成幾年，分成幾個小計畫，按部就班地執行。在四十七歲的時候，完成了這個目標。

高年級職場倖存者，想做到安全退休，就要持續精進自己。每十年都有一個目標，這個目標會驅動你不斷學習，鞭策你不斷前進。當你坐到高位，擁有較多的公司及外部資源，別人想動你，就沒那麼容易。就算被鬥掉，你的人脈關係也不一般，必要時，好友的引薦可成爲你的救生艇。

五十後的職場生涯，最好的位置，是成爲公司德高望重的吉祥物。你願意把經驗傳承給後輩，成爲後輩的導師（mentor），樂意提攜年輕人，陪伴並鼓勵他們成長。別怕被後輩幹掉，如果你有這項擔憂，只顯示你過去的累積還不夠，以及你是否已經停止學習，讓後輩有超車的機會。

成爲公司德高望重的吉祥物，別擋人升遷、更別阻人財路。此時，面對長期共事的老闆，要更尊敬他、體恤他，千萬別仗著自己的年資及職位，把老闆當成自己的哥兒們，記住，你領他的薪水，就是他的員工，他永遠是老闆，不是你兄弟。

除了深化正職的技能，高年級職場倖存者，最好提早發展斜槓。倘若本業發生不可預期的情況時，你不僅有本事自救，有第二收入，還能在主動或被迫退休後，有生活的重心。斜槓發展得好，會迎來事業第二春。

怎麼發展斜槓？先找一件你有興趣的事，每天擠出兩個小時，一年就有七百個小時，十五年是一萬個小時。根據麥爾坎．葛拉威爾在他的著作《異數》中提到一條公式：**刻意練習×一萬小時＝世界級技能**。意思是說，在某個領域持續累計一萬個小時，就可以成爲該領域的專家。**世界級的技能，不是單靠天賦或經驗，而是長久持續刻意的練習**。

請提早發展斜槓，不要急於獲利，初期斜槓不會帶來收入，就算有，也是蠅頭小利。千萬不要灰心，給自己一萬個小時磨練，吸取他人成功的經驗，堅持到底，斜槓會槓上開花。

轉業時，面對嘲諷也不要害怕改變

當你放下面子賺錢的時候，說明你已經懂事了；
當你用錢賺回面子的時候，說明你已經成功了；
當你用面子賺錢的時候，說明你已經是個人物了。
——長江和記實業創辦人李嘉誠

一般上班族在四十歲前，應該會出現至少一次轉業的念頭。近三十年的職場生涯中，我轉業過一次，從新聞工作轉到公關公司任職。

我在新聞台待了二十多年，當過新聞總監，轉業前的頭銜是某新聞台「新聞部協理」。做到新聞部最高的主管位子，當時會想轉業，主要是看到這行業逐漸式微，我在想，新聞工作還能再做幾年？如果不做新聞，我能做什麼？

參考新聞前輩們轉業的經驗，再盤點自己的優勢，我認爲再不改變，隨著時間飛逝，我將失去轉業的最後機會。下定決心轉業，我選擇新聞人轉業的第一首選，公關業。新聞轉公關，有些經驗是可以援引沿用的。像是我服務的公關公司，標榜「百分百保證露出」，就是保證客戶的新聞一定會被媒體報導。

我來自新聞圈，知道怎麼跟記者溝通，明白新聞台的作業模式，也了解觀衆喜歡看什麼，這些經驗拿到公關業，「保證露出」就多了一份安心的保證。

儘管懂得媒體操作，敢跟客戶掛保證，所有客戶的活動都會被媒體報導，如果你以爲這是購買「專案業配」新聞，只要花錢進行媒體採購（買版面），那就太容易了；這家包含老闆在內，扣掉會計及美編，只有三位專案經理的公關公司能在這行業立足的主要原因，就是靠找「新聞點」，讓媒體不得不報導而聞名。這也是爲什麼三位專案經理，包含我在內，都來自新聞界。

職場看的是頭銜，比的是權力

過去的工作經驗，成了新工作的養分，經驗可以仰賴過去的累積，心態卻必須重新

調整。以前在新聞圈，我的專長是從衆多公關公司發出的新聞採訪通知中，挑出我認爲觀衆會感興趣的東西派記者去採訪。現在我的工作，是寫出會吸引「以前的我」去採訪的內容。位置的轉換，心態不得不跟著改變。

以前，我是各公關公司必須討好的對象，逢年過節，政府機關及公關公司送來的禮物，堆滿我的辦公室。這不是我個人多了不起，而是我的職稱權力，讓我有影響力，可以決定新聞的播與不播。

現在，逢年過節，我送禮物給「以前的我」，誰當新聞台總監，我就代表我服務的公關公司，把禮盒送到他辦公室；客戶辦完活動，我寫好新聞稿傳給各家媒體，除了拜託寫稿的記者，還得多打幾通電話，跟上面的主管們，也就是我的「前下屬」，打聲招呼，期盼多點關愛的眼神，務必讓新聞露出。

那段日子讓我看盡人性現實。從前聽我「使喚」的記者，現在成爲我「拜託」的對象，有人直接嘲諷我，讓我難忘。

有位我帶過的記者，出席記者會的時候跟我說：「Sally 姊，妳放著新聞主管的工作不做，現在在飯店記者會門口站著發資料袋給我們，職場越混越低，不覺得丟臉嗎？」還有一位記者嫌我新聞稿寫得太爛，讓他無法照稿唸，要求我重新寫一份寄給他。

這些「羞辱」讓我明白，在職場，別人不是敬重你這個人，而是看重你名片上的頭銜。職場的一切，說穿了，就是比權力，當你有權決定別人職場的命運，萬膝跪拜；當你沒了權力，誰都可以踐踏你。

轉業後，強迫心態「歸零」

面對嘲諷，我承認曾感到難過，但是想想自己爲什麼轉業？我想從公關這行業學到什麼？這對我未來職涯發展有什麼幫助？想到這些，很快就釋懷了。

當時之所以轉業，是我對自己有個期許，希望未來職涯發展能成爲一個「T型人」。新聞專業及經驗的累積是縱深，這部分我已經具備；橫向的跨業訓練，是我欠缺的。透過公關業，我希望補足在商業這塊領域的缺乏。

現在就業市場開出的徵才條件證明，單一專才已經無法滿足市場需要，跨領域的人才，也就是T型人，才是搶手貨。後來我的職涯發展也證明，當初我的想法是對的。

二〇一六年在獵人頭公司的牽線下，我接受一家跨國集團的邀請到越南工作，擔任兩家公司的總經理，負責管理集團旗下的電視事業及公關行銷公司。

如果當初我沒有轉業，如果我轉業後，因爲受到嘲諷而轉回原來的舒適圈，我將無法勝任在越南的工作。

轉業會碰到很多的挑戰，你必須放下之前工作的一切光環，轉業就是另一個職涯的開始，沒有身段及面子可言，要打掉、要歸零的是「心態」。轉業，不僅僅是形式上換了一份工作而已，還要放掉之前呼風喚雨的習慣，開始練基本功。唯有完整的歸零，不沉溺於過去的頭銜，才能讓自己更努力學習，在轉業的新領域裡成爲翹楚。

你正在思考轉業嗎？跳出原有的舒適圈，需要勇氣。先想想自己未來的職涯發展想做到什麼位置？要做到這個位置，你還欠缺哪方面的歷練？轉業是否能補足這個缺憾？一旦下定決心轉業，就不要回頭看。心態的歸零很難、很不容易，**遇到挫折及他人嘲諷的時候，要提醒自己轉業的初衷，並且把目光聚焦在未來的發展**。

不眷戀過去的光環，當你放下面子，開始跪自己的前途時，你已經在成功的路上了。

每個職場都看得到的龜甲萬與小李子

每個職場都有馬屁精，每個職場也都看得到龜甲萬。職場裡，善良是一種選擇，巴結求生也是。

曾經我認爲，職場上最不長進的一群人，就是「龜甲萬們」。龜甲萬們的共同點是：年過五十，知道學習很重要，但是沒時間或沒勁再學習（就算學了也沒用，因爲忘記的比記住的多）；不求升遷加薪，只求別被資遣（能保住工作，就算被減薪也忍了）；不發表意見，只求別找我碴；不求新挑戰，工作只求安全下莊；不求活得精彩，人生只求好死。

年輕時的我，很難理解龜甲萬們的想法。因爲年輕（無知），對公司、工作及人生，都還充滿期望熱情，相信「只要努力拚搏，就能實現夢想，名利雙收」。而眼前這些龜甲萬們就是「懶」、拒絕走出舒適圈，每天做著例行事務，不求長進，年過五十，後輩們都成了頂頭上司，而龜甲萬只能「賴」在原公司，哪兒也去不了。

直到我進入中年，歷經職場各種考驗及家庭人生變化之後，我明白，龜甲萬不是懶，他們在年輕的時候也曾「熱血」、也曾拿健康去換工資，扛起家庭重擔，爲一家老小生計，在職場走過水火。拚了前半生，看盡職場炎涼，他們知曉，時間要留給值得的人；他們不是與世「無爭」，而是選擇「不鬥」。

不鬥，在職場的同義詞就是缺乏競爭力。沒了競爭力，就容易被人看「衰小」，被比自己年紀輕的上司霸凌、逼退。「世代交替」是追殺龜甲萬的正當理由。

面對職場的刀光劍影，龜甲萬們其實很懂生存之道。他們在專業技術上，或許跟不上日新月異的科技帶來的變化，但是對於人性，他們通透明瞭。工作之於龜甲萬，就是養家餬口的經濟來源，如此而已，再無其他。既然如此，不擋人升遷發財，選擇收刀入鞘，保全飯碗。

龜甲萬選擇收刀入鞘，選擇善良，他們是職場上「安全無害」的代表。願意聆聽同事們的心事，不管是家庭或工作的困難，他們總是安靜地聽，能幫上忙的，他們一定幫；幫不上，也會安慰你「人生沒有走不過去的坎。」他們知道很多人的祕密，放心，龜甲萬絕對不會拿這些來「嗆」同事。

「安全無害」是保護色

我的職場人生，遇過龜甲萬。二〇二〇年夏天，前公司人稱「龜甲萬」的老萬，在邁向六十歲的前幾個月，登出了他的人生。「逢九難過啊！」前同事們這麼說。

前公司之於我，就像前男友分手離開後，絕對不會主動聯絡。聽到老萬走的消息，他的樣貌在我腦子裡清楚浮現。不論寒暑，老萬總是穿著深藍色的毛背心，脖子上老實地掛著人稱「狗牌」的公司吊牌，不像我，總把吊牌放在口袋裡，只有在進出公司刷卡的時候才拿出來。

舉凡公司的所有規定，小到員工必須掛吊牌、大到轉調單位調整工作內容，老萬都順服配合著。他「安全無害」的存在，一如每年的考績都是「甲等」而非「特優」，讓他贏得「龜甲萬」的外號，這也是他在這家以「權力更迭交替、鬥爭」在業界出了名的公司，能夠一待就是二十五年的保護色。

「老萬根本就是麻糬做的老烏龜，任人捏。」還待在這家公司的小安忿忿不平地說。她與我們這些曾經待過這家公司的好友們聚在一起，話題就是「公審」這家公司。

「小李子一上任就把老萬調去管理部，說是借重他人和的特質，讓他發揮『調和鼎鼎』的能力，最後竟是讓他去管公司的駕駛室。」「駕駛室早有班長負責駕駛們的排班，這根本就是羞辱老萬，要他走人。」小安替老萬抱不平，卻沒敢在公司替老萬出頭。「俗辣俠女」是我給小安取的外號，她有俠女的個性，偏偏處在這個飯碗保衛戰的職場裡，她只能當個「俗辣」，在公司背後訓練她的口腔肌肉群，狂罵小李子！

小李子跟老萬同一年進公司，同樣待在行銷部，兩個人的職場起跑點相同，因著個性不同，職涯發展天差地別。

爲臣服巴結，換信仰又算什麼

「小李子」不姓李，長期精於向上管理，讓我們忘了他原來姓什麼，「如果能改姓，我想他應該很樂意跟老闆同姓。」小安說。

從小李子身上就能看到現在公司當權者的縮影。原本這家公司的老闆篤信佛教，小李子爲了宣示效忠，無神論的他，手腕上開始戴起佛珠。「他手上的那個佛珠比棗子還大。」小安說小李子深怕老闆年紀大了，眼花看不清，刻意戴了比棗子大的佛珠串。原本象徵謙遜的佛珠，被小李子這麼一戴，怎麼看就怎麼張狂。

這家公司後來易主，被信基督教的老闆買下，小李子脫下手腕上的佛珠，胸前掛著木頭製的十字架項鍊。

小李子胸前醒目的十字架，讓他得到了「救贖」。新老闆一上任就提拔他，從部門經理一躍成爲公司副總。每月看銷售成績報告，小李子的語言從「阿彌陀佛，感恩！」自動切換成爲「哈利路亞，感謝主！」

小李子對主子的臣服無極限。老闆出書，上面記載了家譜，他在一次會議後找小安面談，要小安好好看老闆的書，「畢竟是清朝名將的後人，難怪一臉的英氣煥發，睿智過人。」小李子叮嚀小安要熟讀老闆的家譜，「最好能背起來」。「我連我曾祖父叫什麼名字都記不起來了，我還去背老闆祖宗八代姓誰叫啥！」小安白眼翻到外太空。

被小李子調往管理部專職管理駕駛室的老萬，在死前，毫無異樣的上班，還替原行銷部的同事，解決一項難解的客戶問題。「老萬在病倒前，還發 Line 給同事，交代這個客戶還有哪些項目可以再開發，儼然就是行銷總監附身。」

我曾問過老萬：「你幹嘛這麼委屈求全？不用五斗米，一粒米就能讓你彎腰了。」老萬告訴我：「我一個人要養四個人，我只在乎薪水有沒有按時入帳。」那時我想不透，老萬就一個老婆、兩個女兒，那多出來的一個人是誰？

做到往生，換得考績「特優」

隨著公司權力更迭，每換一次老闆就被調動一次的老萬，他的死訊震驚了全公司。他待過公司太多部門，以致全公司每個人都認識他。

老闆以最高規格的方式，送走了這位待了二十五年的老員工。萬年考績「甲等」的老萬，在人生的盡頭，拿到公司給的「特優」。訃聞上的治喪委員是政府部長級的人士；告別式當天，總統、副總統及五院院長的哀悼花籃，擺滿一殯。

父親過世後，我不曾出席任何人的告別式，老萬走了，我決定送他最後一程。公祭的現場掛著老萬的照片，他溫柔節制的笑容依舊，一如他溫文的性格。大幅照片的右下角是老萬的簽名。這是我再熟悉不過的字了，當他副手的時候，所有文件送簽，我簽完後就遞給他，他那力透紙背的簽名，與他向來給人的「軟弱痲糬」印象，全然不搭。那分明是屬於剛硬性格的人才會有的簽名，怎麼會出自老萬之手？

家屬答禮的時候，我終於找到老萬「一人養四人」的答案。

老萬有個思覺失調的弟弟，這是老萬從未對外人言的家事。弟弟在念博士班的時候，因爲受不了壓力，瘋了，全身赤裸在學校操場狂奔，學校打電話給老萬，要老萬把弟弟帶回家。老萬的父親早逝，母親在過世前，把這個弟弟交給老萬。老萬本來沒打算結婚，他知道帶著這樣的弟弟一起生活，應該沒有女人願意嫁給他。

老萬的妻子沒嫌棄這個小叔，夫妻倆同心撐起了一個家。因爲這個弟弟，老萬夫妻結婚近三十年，從沒出國旅行過。老萬走了，大嫂想等老萬退休、女兒們都找到工作後，再一起出國旅行的夢，也碎了。

公祭時，我看著老萬的弟弟坐在椅子上，凝視著哥哥的照片，動也不動。當初那個博士生，現在白了頭，成爲年過五十的人。司儀按流程唱名，這行業各公司以及客戶都派了代表到場致哀，足見老萬的好人緣。老萬的弟弟好像與世隔絕獨立般的，不受麥克風及來往送行者的影響，他的眼神始終盯著哥哥的照片，一刻也沒轉移。

霎時間，我突然明白，**老萬的「忍」不是他懦弱，是他勇敢承擔了照顧弟弟及家庭的責任。這份工作是他的經濟來源，再怎麼委屈，他都吞，「只要按時領到薪水」這句話，是他忍受職場酸楚，支撐龐大荒蕪人生的力量。**

公祭那天，我看到小李子，他胸前的木製十字架不見了。我問小安怎麼回事？小安說，公司總經理出缺，小李子以爲自己是唯一人選，他鎖定所有可能出線的「副總們」，展開地面戰，一一殲滅，卻忽略了三軍聯合作戰的重要性，「老闆空降了一位總經理」。這位從外商出身的空降總經理，挾著億萬客戶人脈，讓小李子升官夢碎。

每個職場都有小李子，每個職場也都看得到龜甲萬。善良是一種選擇，巴結求生也是。

Part 2

愛情與親情篇

一粒米救了她的婚姻路

能接受你本相的人，才能跟你長久共同生活。
婚姻不只是嫁給一個人，而是嫁給一種生活方式。

有人說，女人一生有兩次投胎機會，一次是出生，一次是婚姻。出生是已定之事，無法更改；結婚是未定之事，事在人爲。

第二次投胎，儼然就是拚翻身的機會。透過婚姻改善自身不佳的境遇，成了某些女性在婚戀市場的主要訴求。台灣一些女星以「嫁入豪門」爲終生職志，某位女明星的名言是：「能嫁小開，誰會嫁給上班族？」然而，豪門眞的是「好門」嗎？**婚姻不只是嫁給一個人，而是嫁給一種生活方式。當男女家庭背景不是門當戶對，兩人條件又沒有勢**

均力敵的情況下，這樣的戀情很難開花結果。

我的一個主播朋友，爸爸是老兵，她跟我一樣，靠自己努力，找到一份薪水不錯的工作，在社經階級中力搏翻身，不讓「貧窮」成爲世襲，更不允許「匱乏」成爲我們的DNA。

這位主播外型姣好，一個富二代開始追求她，她很期待能結成正果，嫁入豪門。終於等到見男方父母的那天，這是她能否拿到豪門入場券的最後關鍵。爲了這一天，她爽快地買了全套香奈兒服飾，配上香奈兒耳環、項鍊、包包及鞋子。每個環節都做到全面「香奈兒化」，確保自己能配得上「豪門媳婦」這個頭銜。

這樣的用盡心思，卻被飯桌上的一粒米，給毀了。

豪門吃飯規矩多，餐桌上每個位置旁，都擺了至少兩種不同的酒，吃什麼肉搭配喝什麼酒，以及拿餐具的姿勢，就能看出妳的出身。

香奈兒能加持妳的氣場，卻不能改變妳的基因。

主播朋友用此生最謹慎的態度，小心且盡量表現優雅地吃這頓飯，不料，一粒米掉落在餐桌上，她用筷子夾起，放在旁邊的餐盤上。

「早知道我就不夾那粒米了，讓它掉就掉，夾起來我也沒吃它，就被他媽媽說，看我對一粒米都那麼捨不得，就知道我出身卑賤！」

男方的母親沒問女主播的家世，從「一粒米」就直接判她出局。

台北民生社區是貧民窟？豪門夢碎

我的另一位朋友受到父母有計畫的培育，從小被送到私校就讀，父母希望她結識有頭有臉的富二代，將來能成爲豪門媳婦。這位朋友的同學各個非富即貴：有上市、上櫃公司大老闆的小孩、歐洲貴族的後代以及坐擁金山銀山，吃穿十輩子都不愁的人……這位朋友的對象是上櫃公司老闆的兒子，兩人一度論及婚嫁，就在拜訪男方家長的時候被問到：「妳家在台北什麼地方？」朋友回：「我家在台北市民生社區。」對方家族長輩聽到「民生社區」四個字，驚訝得脫口說出：「妳家怎麼位於貧民窟？」

「貧民窟」三個字，讓朋友無緣嫁入豪門。這讓朋友想起中學時，曾邀請最要好的同學到家裡玩，這位同學出身某個豪門望族，原本開心地接受邀請，一問地址，得知朋友住在民生社區，她直言批評說：「妳家怎麼位於那樣的貧困潦倒之地？」

朋友長大後，切斷跟貴族私校所有同學的聯繫，找了一份平凡的工作，認眞地生活。她體會到，能接受她本相的人，才是眞心愛她，也才能一起長久生活。

人可以拚翻身，但改變不了原生家庭，也就是我們的出身所養成的生活習慣與對金錢物質的態度。在台灣，婚姻從來不是兩個人的事，而是兩個家族的結合；**妳嫁的不只是「這個人」，而是要適應「這家人」的生活方式及價值觀。**

妳從小因家境貧困，養成的「惜物」習慣，不會因為妳已經翻身了，就變得揮霍無度。妳是靠自己的努力翻身，會更珍惜掙來的一切，因為妳知道，每分錢都得來不易。當我們的「惜物」，被有錢人視為是一種「捨不得」的物質缺乏，甚至因此瞧不起我們的出身，要跟這樣的豪門一起生活，只會讓自己痛苦。

這位被一粒米打碎豪門夢的主播朋友，後來嫁給一位美國大學教授，定居洛杉磯。臉書上，常常看到她跟老公到處旅行、大口喝啤酒的照片。我問她：「還記恨那粒米嗎？」她回我，超感謝那粒米的，如果不是那粒米，她怎能活出今天的自在？「我吃什麼肉搭配喝什麼酒，由我的心情決定，老娘就是愛大口喝啤酒啦！」

一粒米，毀了她的豪門夢，卻救了她的婚姻路。

正逢黃金十年，生孩子？還是要升遷？

能生的時候，不想生；想生的時候，生不出來。
這黃金十年，如果我有了孩子，我哪有現在這個位子。
——戲劇《未來媽媽》經典台詞。

我在新聞台工作近二十年，從49到55頻道，七家新聞台的最高主管，有六位是女性，其中五位單身。她們的年齡介於三十七至四十五歲。要當上新聞總監，再怎麼天賦異稟也需要至少十年的新聞歷練，推算下來，這些女性大約在二十七至三十五歲的時候，就在新聞職場嶄露頭角；而這個年齡區段，正是女性的婚育期。

職場拚搏的黃金十年，用來生孩子，升遷可能受到影響；當職場女性選擇「升」了以後再來「生」，極有可能面臨生不出來的景況。

該生孩子？還是先在職場拚個主管職，等工作穩了以後再來生？怎麼兼顧平衡家庭與工作？女人結了婚，就一定要生孩子嗎？女人的「天職」是當母親嗎？女性的生命要有了孩子才完整嗎？這些問題是成年女子要思考的生命課題，妳的決定將影響妳的一生。

將丈夫事業推上高峰，換來一封離婚簡訊

麗萍是我在新聞台的直屬主管，她在大學時期參加跨校聯誼，認識了就讀警察大學的先生，兩人交往多年，麗萍在當上新聞台採訪中心副主任之後步入婚姻，當時她三十歲。

警察先生是獨子，公婆希望麗萍趁年輕早點生孩子，替家裡留後。先生也告訴麗萍，他很喜歡小孩，希望結婚一年後，家裡能添個新成員。麗萍想全力拚工作，她的目標是新聞總監，覺得三十歲就懷孕生子太早了。「副主任」不高不低的，職場位子不算穩當，她請先生給她兩年的時間，讓她拚工作，等拚出了成績，再生。

麗萍很懂得職涯規畫，她看先生的工作隨時有不可預期的危險性，就幫先生規畫轉

業。好太太發揮幫夫運，重大刑案發生，記者要採訪刑事鑑定專家，麗萍就推薦受過刑事鑑定訓練的先生接受媒體訪問。警察先生外型佳，有太太專門訓練怎麼面對鏡頭說話，他很快成爲媒體寵兒。那段時間，台灣接連發生重大刑案，先生頻頻受訪露臉，迅速累積知名度。

麗萍看時機成熟，建議先生轉業參選市議員。打著「除暴安良、社會治安我來守護」的口號，先生成了婦女吸票機。麗萍運用自己的媒體人脈，幫先生輔選拚曝光，警察先生第一次參選就高票當選市議員。

先生順利轉業，麗萍居功厥偉。然而長期的新聞工作壓力，還有一年多來陪同輔選跑行程的辛勞，麗萍一根蠟燭兩頭燒，生理期大亂，瞬間蒼老許多。

先生甫當選民意代表，一切都在學習適應中，夫妻兩人有共識地延後生育計畫。隨著先生當了議員，麗萍的工作更忙了。新聞台下班後，她以議員夫人的身分，陪同先生跑攤應酬，兌現「一人當選，兩人服務」的競選承諾。

四年一任，麗萍再度成爲選戰操盤手。白天上班，晚上拜票，深夜檢討並修正競選策略，她以丈夫的政治事業爲重心，跟「新聞總監」的工作目標，漸行漸遠。

先生如願連任成功，麗萍想，是時候該生個孩子了，她已經三十六歲，儘管還沒當上新聞總監，但丈夫事業有成，這樣也算圓滿了。

麗萍想生卻無法懷孕，她試過人工授精及試管嬰兒療程，打針打到肚皮瘀青，沒有地方可打，還是無法受孕。在接受生殖療程的過程中，麗萍發現，這是她一個人的戰場。丈夫以招呼樁腳、完成選民請託案爲由，沒空陪她，更沒心思注意到她的失落。

爲了專注拚生育，麗萍離開新聞台，努力了兩年，還是生不出來，她重回新聞圈工作，卻從狗仔口中得知，就在她一個人奮戰拚生子的時候，先生在外另組家庭。

狗仔跟拍的照片成了周刊封面，市議員愛家、守護治安的形象一夕崩毀。無法生育已經讓麗萍身心俱疲，先生還在她最脆弱的時候，感情出軌，最後以一封簡訊逼她離婚，麗萍得了憂鬱症，幾乎崩潰。

麗萍離婚了。

離婚後的她，沉靜了一段時間。她一個人去旅行，一個人吃飯，一個人搭車，一個人遊蕩。重新整頓了身心，當我再看到她時，是她出現在電視螢光幕上，以企業發言人的身分接受媒體訪問。一身勁裝，俐落短髮，那個充滿自信、氣宇軒昂的豪氣女子，回來了。

生育，是女人最該珍惜的自主權

女人，不管有沒有結婚、有沒有孩子，都是完整的，也是值得幸福的女子。

當母親不會讓一個女人變得更完整，一如婚姻不能保證必然給女人帶來幸福。**妳生命的完整、妳生活的幸福，只有妳給得起。所有寄望他人給予的完整與幸福，都會讓人擔心失去。凡有擔心，就極容易以失望收場。**

婚結得不好，可以離婚，但**生孩子是一條無法回頭的路，這是女人最該珍惜的自主權**。妳想當母親，是因爲妳愛小孩，不是妳認爲應該傳宗接代或該給誰一個交代才生孩子；妳想當母親，不是因爲妳怕老了沒人養，以投資報酬率的概念生育小孩；妳想當母親，不是因爲怕老公變心，把生小孩當作維繫婚姻的工具。

女人選擇當母親，是因爲「愛」。因爲愛，讓女人願意經歷這段爲人母的過程，不是哀怨地感嘆犧牲奉獻，而是滿意地活在樂於付出。

懷抱一個孩子，讓女人有胸懷宇宙的滿足，不爲其他，這是女人選擇當母親的理由。

職場與小三的誘惑

人被社會的大熔爐磨平了稜角。
磨平稜角，不是不懂得是非對錯，
而是無法抗拒那些利己的誘惑。

——大陸作家趙星

職場做到一定的位階，權力大了，面對的誘惑也多。新聞台的最大主管，可以決定新聞的播與不播，是大作特作？點到爲止？還是撤掉新聞，當作沒發生這回事？除了掌握新聞播出的生殺大權，最大主管還得面對色誘。主播組美女如雲，各個都想當黃金時段的新聞主播，巴結討好長官，有的甚至主動投懷送抱，就只爲了拿到好時段，成爲家喻戶曉的明星主播。

經過二十多年的新聞歷練，阿仁在四十五歲的時候，當上某新聞台的新聞部副總，直接對總經理負責，在公司就是一人之下、千人之上，讓人好生仰望的崇高地位。四十五歲，正是一個男人魅力四射的熟齡年紀。成功的事業、豐富的閱歷及圓滑的爲人處事方式，讓已婚有一個小孩的阿仁，成爲年輕女主播及女記者崇拜的對象。

阿仁善於向上管理，習慣事必躬親的總經理好像吃了阿仁畫的符咒，對他百依百順，放手讓阿仁全權管理新聞部。

阿仁成了新聞部唯一的主心骨，業務部、廣告客戶及新聞受訪者，紛紛向阿仁進貢，表達善意。逢年過節，阿仁的辦公室擺滿禮物，中秋節光是月餅禮盒就有一千多盒，稍微「貼心」一點的客戶，送他百貨公司禮券；更「懂事」的，就直接送錢。

阿仁上任不到一年，在台北市精華地段買了近百坪的房產，同時在高雄老家附近買了一棟別墅，作爲度假休憩之所。以阿仁的年薪，就算貴爲公司副總，十年不吃不喝，也買不起這兩套房產。他並非富貴人家子弟，哪來的錢？這麼豪氣的南北同時購屋，而且是用現金一次付款，完全不用跟銀行借貸。

阿仁邀請新聞部中高階主管們，到他新入手的豪宅，參加入厝派對。大家像劉姥姥進大觀園般的睜大眼，「哇！哇！哇！」的驚嘆聲此起彼落。我看著客廳浮誇的水晶吊燈，心想，阿仁副總的錢，到底是從哪裡來的？

某次採訪會議中，我的疑惑得到解答。

政商界籠絡媒體，精工錶換成百達翡麗

一家上市公司的大老闆捲入一樁醜聞案，該公司公關部副總要求採訪記者，不要報導這則新聞。記者以「被主管指派採訪，必須完成任務」爲由，拒絕了公關副總的請求。公關副總當著記者的面威嚇說：「妳相不相信，我一通電話打給妳們阿仁副總，妳明天就不用上班了！」

上市公司公關副總看到記者不聽勸，還在拍攝錄影，一氣之下打電話給阿仁。那天開編採會議的時候，阿仁指示：「××上市公司的新聞，採訪了也不要播，編輯台要注意，這則新聞不能播！」指派記者去採訪的主管說：「全台灣民衆都關注這樁醜聞案，我們派記者去採訪了，爲什麼不能播？」阿仁怒回：「我說不准播就不准播，你哪來那麼多意見！」

隔天，阿仁的辦公室多了一對黃金打造的貔貅，而他手上原本的精工錶換成了百達

翡麗。

阿仁廣開後門接受各方進貢，企業跟他示好，供養他，一旦企業出事，阿仁就是保他們平安的光明燈；政治人物亦然，平常就捐輸阿仁，哪天偷情、貪汙被拍到，還有阿仁會出面壓下新聞。

阿仁頂著新聞台副總的稱號，在外吃香喝辣，各路人馬搶著巴結他。在公司內，想往上爬的主管們，抓住機會對他宣誓效忠；女主播們搶著陪他出去應酬，能坐檯陪酒，等於拿到黃金時段的播報權。

有一天，阿仁的髮妻在公司門口堵到一位女主播，兩步併一步地上前，狠狠搧了女主播一計耳光。女主播懷了阿仁的孩子，逼阿仁離婚。大夥這才明白，爲什麼小清新的女主播到公司不滿一年，卻能平步青雲地直攻晚間新聞主播大位。

阿仁吃窩邊草的婚外情醜聞，被其他部門副總拿到總經理面前做文章，爲了維護新聞台名聲，總經理請阿仁「知所進退」，阿仁心不甘情不願地請辭下台。懷孕的女主播不離不棄，愛相隨地跟著請辭。阿仁離職又離婚，娶了女主播，婚宴請了兩桌，只有雙方親友出席，而過去那些巴結阿仁的政商名流，隨著阿仁失勢，早已斷了聯繫。

阿仁離職後，總經理公布新副總人選。先前巴著阿仁的那票人又出現了，恭賀新副總上任的花籃擺滿新聞部，那間副總辦公室又塞滿各方進貢的賀禮。

在職場，當你進入權力核心，坐上高位，就會面對不同的壓力與來自各方的誘惑。你的自律與堅持，會在這個當口，受到最嚴厲的考驗與挑戰。

人，不是不知道對錯；面對誘惑，也不是沒有選擇。每個職場，都看得到「阿仁」的身影。當人們感嘆，爲什麼職場讓人性變得這麼黑暗？在此，引用大陸作家趙星的一段文字作爲結語：

「**小孩子才講『對錯』，成年人只看『利弊』。很多價値觀裡的對錯，在現實世界裡開始分崩離析。人最難的，不是在『對與錯』的黑白世界中做出選擇，而是在『利他』與『利己』之間做出判斷**。人會被社會的大熔爐磨平了稜角，磨平稜角其實不是不懂得是非對錯，而是無法抗拒那些利己的誘惑。」

原生家庭與結婚家庭誰優先？

人要離開父母，與妻子聯合，二人成為一體。

——《聖經．創世紀》第二章第二十四節

每個人都有原生家庭，當我們結婚之後組成的家庭，我稱爲「結婚家庭」。有了結婚家庭，不論男女，都應該把配偶放在第一位，接下來是婚後所生的子女。

心中的排序很重要，因爲這牽涉到關鍵時刻的選擇（表態）。有人把原生家庭的父母，看得比自己親生的孩子還重要；抑或是把原生家庭的父母看得比配偶重要，這都容易引發夫婦的戰爭。

選擇了婚姻，配偶就是最重要的人

安琪跟丈夫結婚的時候，房子連同裝潢都是平均分攤費用，沒有跟雙方的父母親拿錢。安琪事業成功，她不跟老公伸手要錢，家裡缺少什麼，誰想到或誰有空，就誰去買。新婚三個月以來，兩人相處愉快，直到某天公婆突然來訪，而且一住就是大半年。

起初，安琪善盡媳婦本分，該做的家事她一手包辦，老人家住在兒子媳婦家就是吃飯、看電視、聊天及睡覺。儘管安琪覺得家裡多了兩位老人家，不只是吃飯多了兩雙筷子這麼簡單的事，她心裡有點負擔，但也盡量讓彼此相安無事。

有一天安琪下班回到家，家裡熱鬧非凡，婆婆把幾個好朋友請到家中作客，安琪沒被事先告知，回到家看到客廳桌上杯盤碗筷亂成一團；加上其他老人家問話很直白：「妳怎麼結婚不生孩子啊？一個女人事業再成功有什麼用，沒有孩子就沒人送終！」「妳婆婆不方便講妳，我們可都是過來人，沒有孩子妳連婚姻都保不住，有事業又有什麼用！」

安琪執掌公司運作多年，職場上呼風喚雨的她，已經很多年沒人敢這麼跟她說話了。安琪按捺住脾氣，對長輩們的問話採取笑而不答的策略。正當她壓住即將爆發的情緒，快步走向自己房間的時候，婆婆說了一句：「長輩們問妳話呢，妳這什麼態度！」

「我沒必要跟誰解釋我爲什麼不生孩子。她們是媽媽的朋友，我尊重她們，但是她們沒有權力干涉我的生活。還有，這是我家，媽媽下次請朋友來，請先知會我，我希望彼此尊重！」安琪面無表情，就像開董事會講述結論一樣地表達完她的意見，便掉頭回房，輕輕帶上房門，避免摔門會挑起戰火。

儘管關上了房門，安琪依舊聽得到婆婆和朋友們七嘴八舌地批評她。在一陣喧囂之後，隨著客人離開，客廳暫時恢復了平靜。安琪的先生這時候進家門了。「你那個太太很沒禮貌啊，自以爲事業成功，就可以瞧不起人嗎？」婆婆跟兒子埋怨安琪有多無禮，順勢把沒生孫子的帳一次清算。

安琪本想走出房門理論，但她更想聽聽老公怎麼應對。安琪的先生跟母親說，生不生孩子是兩人在婚前就討論過且彼此達成共識的事，「不是安琪不生，是我們共同的決定，這是我們的婚姻，這點請媽了解。」安琪聽到這裡，確定自己沒嫁錯人，心裡很是安慰。

安琪的先生接著跟母親說：「這房子及所有的一切，都是我跟安琪兩人共同持有的，我們歡迎爸媽來看我們，但彼此的尊重是該有的，這點也請媽體諒！」

婆婆流下眼淚，感嘆兒子結了婚就沒了娘，「你是我把屎把尿這麼養大的，媽媽被你媳婦欺負，你怎麼還站在她那邊，你是存心要趕我走是不是？」兒子告訴母親，**既然選擇了婚姻，就得擔負照顧妻子的責任，妻子是他生命中最重要的人**，儘管父母也很重要。

安琪在房間聽到丈夫這段話，欣慰地流下眼淚。她推開房門，跟婆婆道歉，謝謝婆婆把兒子教得這麼好，讓她此生有個好伴侶。

婆婆在第二天跟公公收拾行李，回到中部老家。安琪跟先生定期到中部探望兩老，之前的不愉快雖然還在，但婆婆已經不再給媳婦臉色看。

選擇結婚組成家庭，配偶就是我們生命中最重要的人。排序認知會決定我們與其他人的關係界線。《聖經》說：「人要離開父母，與妻子聯合，二人成爲一體。」這不代表我們要棄父母於不顧，而是要清楚認知，既然選擇了婚姻，配偶就是最重要的人。

「愚孝」的男人，不分是非對錯，父母永遠擺第一，要求妻子委屈，迎合公婆。正常的妻子也希望跟公婆有和諧的關係，但是人與人的相處，不可能永遠和睦沒有爭執，一旦發生不愉快，丈夫的態度就是關鍵。

做個有智慧的大丈夫，讓妻子安心，讓父母雖不滿意也能接受。

最毒是丈夫

分手有各種理由、藉口，你想要對方給你一個解釋、說明，最後發現，不必解釋。因為不愛了，所以，無須解釋。

美英的追思會上，佈滿她生前最愛的百合，會場掛的是她親自選的照片，黃昏時分，在湛藍海邊的白色沙灘上，她穿著白襯衫、牛仔短褲，人字拖，回頭對著鏡頭，那抹燦笑，比照片中的夕陽更火紅。美英就是這樣一個擁抱生命的熱情女子。

那年夏天特別熱，美英的追思會，親朋好友共聚一堂，美英的父母遵照美英的遺願，現場提供冰啤酒，讓大家無限暢飲。「她最愛的就是啤酒，夏天更是少不了它，叫她少喝一點，她還會不高興。」美英走了，母親的叨唸依舊，只是這次，母親多希望女兒能多喝一點……

罐裝啤酒，瓶身冰冷，不斷滲出的水滴，好似臉龐潸然滑落的淚，只是溫度不同。「啤酒」在廣告創意人的概念裡，屬性代表符號是愉快的、歡樂的、團聚的；然而，此刻，氣氛是悲慟的、不捨的、離別的。氣氛符號衝突的並存，一如美英的人生，她熱情，偏偏遇到無情的丈夫；她熱愛美食，大腸癌卻奪走她年輕的生命。

美英在大學時期就立定志向要當廣告人，她滿懷敬意地邁入這個行業，一做就是十五年。從基層的 copywriter 開始做起，一直做到創意總監。酷愛旅行、熱愛美食、欣賞藝文表演……這些，豐富了她的創意靈感，更形成她的生活方式。

我一直以爲，美英不會結婚，因爲她早就嫁給廣告了。

美英在三十五歲的時候，突然告訴我，她登記結婚了，沒有任何宴客儀式，就是兩個人手牽手，帶著兩位證人簽名蓋章的結婚書約，走到戶政事務所，用不到五分鐘的時間，完成了終身大事。

「我現在是黃太太了！」美英拿著新身分證，開心地秀給我看配偶欄上有了一個男人的名字。我跟美英儘管是好友，但是她這段情緣，我是在她結婚後，才知道黃先生的背景。

套句現在的用語，這是一段「格差婚」。台灣傳統社會所有不利婚姻長久發展的因素，這段婚姻都有了。女大男小，美英比丈夫大七歲；女尊男卑，美英是職場的勝利組，她的丈夫工作不穩定，又有藝術家的性格，失業在家放空思考的時日多，外出工作賺錢的時間少。美英是兩人生活的經濟支柱。

男人的身高外型，是美英喜愛的型；男人粗獷中，帶有貓一般的神秘慵懶氣息，更讓美英著迷。最重要的是，他把美英捧為女王，美英最不擅長、認為浪費時間的日常瑣事，像是到郵局領包裹、到銀行處理貸款事務等，男人都願意代勞，只要不逼他出去工作賺錢，其他都好說。

幸福，是一種感覺。當你覺得幸福，儘管旁人老早看出一堆問題，只要你堅持覺得自己幸福，那就是幸福。美英的幸福就是這樣，直到她罹患了大腸癌。

公司每年例行體檢，讓美英發現罹患大腸癌。美英在手術之後，體重掉了好幾公斤，接下來的化療，讓她極度不適，頻頻嘔吐，完全無法進食。化療期間的她，昏昏沉沉，丈夫請了看護照顧美英，之後就消失無蹤。

美英打完化療，在醫院住了一段時間，稍微清醒之後，打電話給丈夫，無人接聽。辦理出院，支付單人病房的費用時，美英用提款卡提領現金發現，帳戶的餘額是一百元！

美英警覺不對勁，查了其他帳戶的情況，她的錢被丈夫提領一空，那是她工作十五年的所有積蓄。

癌症沒有擊垮美英，丈夫的無情卻徹底傷透了她。這男人彷彿人間蒸發，怎麼也找不到。

美英的父母把美英接回彰化老家照顧，人生一向順遂的美英，一下子遭逢健康及婚姻的雙重打擊，心情大受影響。她怎麼也想不明白，丈夫爲什麼這樣對她，「他吃我的、用我的、喝我的，我養他，他要什麼有什麼，爲什麼這樣對我？而且是在我最脆弱、最需要他照顧的時候？」

憂傷的靈，使骨枯乾。

婚變後的美英，把自己封閉起來，後續的治療也斷了，癌細胞轉移得很快，三十七歲，她走了。

美英彌留之前，在丈夫手機裡留言，擔心丈夫沒聽語音信箱，還加發了訊息給他，希望能在生命結束前，親耳聽到一個解釋。「我只想知道你爲什麼這樣對我？」

追思會的過程中，美英的母親四處張望，好像在搜尋可能的身影。他，沒有現身。盛夏的追思會，體感溫度超過40度，我卻覺得悲愴冷涼，原來比手中冰啤酒更冷的，是人心。

勸人的金句看似大度，實則冷酷

不知他人苦，莫勸人大度。
這世上哪來的感同身受，多的是冷暖自知。

好友之間，我常扮演傾聽者的角色，不管是職場或是感情的問題，只要朋友問到：「如果妳是我，妳會怎麼做？」我通常會回答：「我沒辦法告訴妳怎麼做，我的人生也曾（也常）做錯選擇，妳得自己做決定。」

我會跟朋友分享我的經驗，但，我不會建議對方該怎麼做，因爲那是他的人生。

隨著年紀漸長，朋友間的感情問題，從年少時的「如果妳是我，妳會不會跟他結婚？」到現在變成「如果妳是我，妳會不會跟他離婚？」面對婚姻問題，尤其是丈夫外遇，我只有傾聽，不會給意見。我對於社會上流行的幾段金句，就是那些勸人放手原諒的話，非常不以爲然。

先講述我採訪過的眞實案例，再來說明這些勸人放手的金句，有多空泛冷血。

醫師丈夫隱瞞病情，害她錯失診治良機

我採訪的對象叫湯秀璸，她在一九九五年發現乳房有硬塊，告訴當醫師的丈夫並詢問他的意見。湯秀璸當時並不知道丈夫已經跟醫院的護理師發生婚外情，丈夫告訴她，這硬塊沒什麼，「不用擔心，我會隨時替妳留意！」

聽到老公這麼說，湯秀璸不疑有他。在丈夫刻意拖延隱瞞病情的情況下，湯秀璸乳癌迅速惡化，不僅是出現硬塊而且從乳頭湧出鮮血，她憂慮地向丈夫求援，丈夫觸診後說：「這沒什麼大不了，可能是因爲妳洗澡太用力，磨破皮，流血不代表什麼，有時候只是女人內分泌失調或精神過度緊張所致。」湯秀璸相信了，她再度錯失及時診治的時機。

丈夫爲了跟外遇對象長相廝守，主動請調到嘉義當醫師，把湯秀璸一人留在台北。這期間，她乳房疼痛的頻率越來越近，疼痛的程度也越來越劇烈，幾次打電話跟丈夫反應，他都說：「沒什麼，不要太神經質！」

湯秀瓊到很久以後才知道，原來，她老公在一九九五年底，偷偷在嘉義跟外遇對象訂婚了。

湯秀瓊的病情被老公拖延了一年，一九九六年初，她病倒在台北家中，娘家親戚把她送到醫院急診，醫師診斷後發現，她已經是乳癌三期。

讓她難以釋懷的是，醫師告訴她，乳癌三期患者的五年存活率不到百分之四十，但如果早在一開始發現硬塊的時候就治療，那時她可能只是一期的患者，五年存活率會高達百分之八十以上。

氣憤難過的湯秀瓊，一狀告上法院，控告醫師丈夫殺人未遂。她在接受我訪問的時候說：「很多朋友都叫我放手，趕快離婚，不要再跟人渣糾纏，可是我就是不甘心啊，他跟他的情婦聯手要害死我，我不會讓他們稱心如意！」

湯秀瓊後來因乳癌過世，死前接受了基督教信仰，直到受洗之後，她才選擇原諒放手。就在她放手後沒多久，四十六年的人生，畫下句點。

大度，其實是假慈悲

當婚姻出現第三者，社會用來勸說元配的兩句話，排名第一的是「**好聚好散**」；排名第二的是「**放下吧！放過別人就是放過自己**」，愛多說幾句的朋友，還會加上一句「**離開，海闊天空！**」這三句話大概就是排行前三名，勸說元配放手離婚的金句。

我們使用這些金句，企圖說服的對象通常都是元配。**爲什麼這些勸世語，我們不對小三說，卻常常拿來勸導元配？**最該被勸導的不是小三及出軌的男人嗎？爲什麼不對小三說：「離開，海闊天空！」或是「一個人也能活得晴空萬里」爲什麼不對外遇的男人說「放下吧！跟小三好聚好散」？

首先，針對排名第一的勸世語，好聚好散。當一個元配被丈夫背叛的時候，她內心的怨懟、苦毒、各種的不甘心，都還沒有被處理，她卡在負面情緒裡，所有的恨，甚至最後一點的期盼，望夫回頭或期待丈夫給她一個解釋及道歉，都讓她「散」不了。此時勸元配「好散」，是不是強逼人展現雍容大度的一種矯情？如果妳是湯秀璸，在沒等到丈夫誠心的悔過道歉之前，妳能好散嗎？

就算妻子整理好自己的情緒，決定「好散」，她的意思也不是大度到要成全丈夫跟小三的「好聚」。勸世語中的「好聚好散」，最終是讓元配散了，丈夫跟小三聚了。

一對夫妻，曾經在婚姻中有多「好聚」，面對分離，就有多「難散」。「好聚好散」的前提，是建立在夫妻雙方都具備理性的情況下，共同達成的協議。要被背叛的一方理性，必須是她已經安頓好自己受創的身心之後，才能達到「理性」。

元配要能安頓受創的身心，這是一段需要時間的自我和解過程。沒有自我和解前，要元配符合社會期待的善良標準，就是第二個金句，「放下吧！放過別人等於放過自己」，這是對元配的道德壓迫。

一個人沒有跟自己和解之前，談「放下」「饒恕」都是假的，內心的仇恨未解，自己卡住了，出不來就是出不來。這時候勸人寬恕，就像對憂鬱症的患者說：「妳要開心啊，不要憂慮」一樣的缺乏同理心。

被自己最信任的丈夫背叛了，生氣、恨、巨大的悲傷，這些都是正常的情緒。放不下，老娘跟小三「烏龜比命長」「天涯海角，我不會放過你們這對姦夫淫婦」這才是正常的情緒反應。

就像湯秀璸被丈夫傷害，要恢復理性，需要時間進行自我和解。**先放過自己的人，才有能力放過他人；沒放過自己，就絕對放不過別人。所以，別再說什麼「放過別人就是放過自己」，這是假慈悲。**

我們勸說他人放手原諒的金句，看似豁然開朗，實則冷酷無情。

當一個妻子面臨跟湯秀璸類似的處境，恨，是她該有的情緒與權利。**那些「海闊天**

空」的勸世語，只是一種表面的安撫，與其說是安撫元配，更多是安撫周遭親友的擔憂。他們擔心元配失控，選擇玉石俱焚，偏離了大家期待的「好聚好散」正軌。

請重新思考這些金句，你安撫的是元配還是自己的擔憂？下次，當你要勸說安慰別人時，請記得，不知他人苦，莫勸人大度。

大陸知名相聲演員郭德綱說：「我特反感那種都不知道我經歷過什麼，就勸我大度的人。我這兒喀嚓被人捅了一刀，血還沒擦乾淨呢，他就在那兒嚷嚷著：你得勇敢起來。」

當元配拒絕這些金句，「老娘不離就是不離」，你認爲她浪費時間、消磨生命，但是，只要她覺得值得，就是值得，因爲那是她的婚姻，她的選擇。

檢視親子關係，老了不留遺憾

讓孩子輸在起跑點，孩子功課不怕「爛」！
不會拼ㄅㄆㄇ、數學考8分都沒關係，品格比分數重要，
補教、說教比不上身教、言教！

——節錄自李國修、王月《119父母》

四、五、六年級生是標準的三明治世代，不但要扛起自己的生計，還要照顧上一輩的父母及下一代的子女。我常聽朋友們說：「我絕對不要複製我父母的教育方式，對待我的孩子。」言下之意，就是期許自己做開明的父母，希望孩子能走自己的路，不是爲了完成父母自身未完的期待而活。

當初的自我期許，現在回首檢視，你有讓孩子自由發展，活出他想要的樣子嗎？還是在不知不覺中，複製了上一代的焦慮，把自己的期望塞進了孩子的人生裡？那些讓你失去快樂童年的才藝教室，那些希望你不要輸在起跑點上的補習教育，是否一樣的，出現在你孩子的生命裡？

你是不是在某個不經意的時刻裡，脫口說出你之前最痛恨聽到的「我是爲你好」「恨鐵不成鋼」的情緒勒索說詞？過去的你排斥軍事化鋼鐵教育，現在的你正在研讀《虎媽的戰歌》，想學作者蔡美兒把兩個女兒都送進美國知名大學就讀，功課要全A，事情做不好就罵她是「垃圾」。

比起虎媽式的精英教育，我想起李國修老師與太太王月在《119父母》一書中提到的一個小故事。國修老師參加兒子的小學畢業典禮，兒子成績太差，一個獎都沒有，剛開始李國修覺得這個老爸有點丟臉，還跟兒子開玩笑地說：「你在學校好歹也撿一下垃圾，這樣也許還能拿到個『環保小尖兵獎』。」但是最後唱驪歌的時候，全班四十個同學，只有五個落淚，其中一個是國修老師的兒子。

李國修頓時爲兒子感到驕傲，因爲他發現，兒子心中有愛，當別的孩子專注在成績表現的時候，只有他兒子爲離別感傷。而李國修教養孩子最重視的，就是他們有沒有

「愛、幽默感及好奇心」。當沒得獎的兒子因即將跟同窗六年的同學分離而感到悲傷難捨，李國修爲兒子內心溫暖有愛，感到欣慰自豪！

中年的父母，請檢視你的教育，你期待教養出什麼樣的孩子？這關乎你老了以後的親子關係。你希望教育出精英但冷漠自私的孩子？還是一個儘管平庸但溫暖有愛的小孩？

我的記者採訪生涯裡，曾經遇到兩個案例，提供給中年父母參考，**你現在的教育，將形塑孩子成爲什麼樣的人，決定了往後的親子關係。**

栽培出八個博士，仍孤獨終老

冬天飄雨的台北縣八里，空氣中瀰漫著潮濕的味道。又濕又冷的天氣，我被主管派來採訪安養中心的發言人，因爲這裡有個九十二歲的老人家，在最近這八個月來，子女沒有代繳費用。

安養中心發言人告訴我，她聯繫老人在美國的八名子女，有的沒接電話；有的則說，老父親在台灣的生活費用，都是由住在德州達拉斯的大哥負責，「去找我大哥」就掛了電話。

安養中心「免費」照顧老人八個月，舉凡牛奶、尿布、鼻胃管餵食、餵藥……一切生活所需全都照應。「我們還要照顧其他老人，大家都有付錢，唯獨這位老人，已經八個月了，家屬都沒付費。」

安養中心發言人帶我去老人的房間。門一打開，霉味及尿騷味撲鼻而來。老人神智不清、長期臥病在床，已經長了褥瘡，從濃濃的尿騷味研判，尿布應該一整天都沒換。

昏睡中的老人，頭上戴著脫了線的毛線帽，孱弱的身軀蜷曲在棉被裡。他不知道我們正在拍攝錄影。我摸了摸他的棉被，不知道是空氣潮濕、還是棉被已經被尿濕沒有更換，這樣嚴寒的冬天，一條濕棉被，怎麼蓋都是冷的。

安養中心選擇主動通知媒體採訪，希望藉由傳播報導的力量，讓老人的八名子女能夠「良心」發現，趕緊跟安養中心聯繫付錢。

「我們沒辦法這樣免費照顧下去，這是我們的最後通牒，從現在起一個月內，子女再不付錢，我們拒收這位老人。」

發言人話講得重，心卻是軟的。她告訴我這位老人的家庭背景。

老人家是退休大學教授，妻子早逝，他獨自拉拔八名子女長大，八個孩子也很爭氣，全在美國拿到博士學位並且成家立業。

老人很以這八個孩子爲榮，大兒子要創業，便把退休金匯給了他；看到大哥拿了老爸的錢，其他子女接著找理由跟老爸要錢。老人家把財產都給了子女，當他身體出狀況後，大兒子回台灣一看，決定把老父親送到安養中心。

剛開始幾年，安養中心還有收到美國匯來的錢，但是就在採訪的那一年，安養中心怎麼打電話，都聯繫不到老人的大兒子。輾轉打給其他子女，沒有人願意出錢，全都推給大哥。

「我把老人家現在貧病交迫的模樣拍下來，寄給他的八名子女看，還是沒人理啊！」安養中心發言人搖頭歎息說：「虧他們都是博士咧，書不知道讀到哪裡去了，連最基本的孝道都沒有！」

這則新聞播出後，我持續關注老人的情況。安養中心發言人告訴我，八名子女依舊沒消息。眼看一個月的期限就快到了，老人在某個夜裡，在睡夢中，悄無聲息地，走了。

老爸爸即使神智不清、一直處於昏睡的情況下，彷彿知道有這一個月的期限。他不愛麻煩子女，一直到他走的那一刻，始終如此。

老人走了，安養中心把消息告知八位子女，「每個人只跟我說『知道了』，就掛電話了。」安養中心最後自掏腰包，簡單處理老人的後事。

溫暖有愛的孩子，擁有最成功的人生

阿祥不是讓老爸引以爲傲的兒子，他是讓做水泥工的老爸擔心掛念一輩子的喜憨兒。「他媽媽走得早，要是我也走了，他一個人怎麼辦？誰來照顧他？」

阿祥的父親是肺癌四期患者，靠著化療延續生命。每次老爸到醫院打化療，阿祥總是笑咪咪地跟爸爸手牽手，到住院處辦理報到手續。

阿祥是個孝順的孩子。老爸打完化療身體虛弱，他會倒水給老爸喝。醫院送餐過來，他先餵爸爸吃飯，等爸爸吃好了，他開心地打開便當，大口大口吃，抬頭對爸爸笑。

在阿祥臉上，看不到悲傷，彷彿這世間的苦難都與他無關。

醫師看了阿祥爸爸最新的檢查報告，腫瘤變大了，老爸的生命，進入倒數計時。當醫師告訴阿祥爸爸檢查結果，爸爸沉默了，凝視著身旁的阿祥；阿祥看著爸爸，露出他招牌的天眞笑容。

人世間的生老病死、悲歡離合、還有那些複雜的欲望，都影響不了這個孩子。單純的他，眼中只有爸爸，看到爸爸，他就開心。

做父母的，一輩子努力拉拔孩子，甚至傾盡所有，去成全（成就）他們，希望他們有成功的人生，但是，**眞正的成功是什麼？是社會標準的名校畢業、高薪收入？還是孩子能找到自己的方向，讓自己快樂也能關懷他人？**

孩子終將獨立，做父母的，只能目送他們的背影，看他們各奔前程。**一個有愛、有夢想、在別人的需要中，看見自己責任的孩子，就擁有最成功的人生！**

有孩子就了不起嗎？

有孩子沒什麼了不起；能把孩子教育好，才是了不起的父母！

新冠肺炎本土疫情爆發前，單身好友在臉書上寫了一段經歷。正在幫電視台偶像劇寫劇本的她，下午兩點多，帶著筆記型電腦到一家咖啡店寫作。點了一杯冰咖啡、一塊小甜點，坐在靠窗的沙發上，享受陽光灑落的寧靜午後，此時此刻的氣氛，有助文思醞釀。

當她打開筆電的時候，突然來了三位打扮講究的女性，其中一位牽著一個約莫五歲的男孩，這四人一打開店門，聲量之大，打破了原本店內的寧靜。

非用餐時間，店裡客人少，編劇朋友算好時間點，到這裡寫作，沒料到會碰到這些媽媽。媽媽們把咖啡店當自家客廳，高聲談論著老公及孩子的日常。此時，小男孩在店裡奔跑起來，他對編劇朋友的筆電感到興趣，衝到她身邊，不知是無意還是刻意，手碰到桌上的咖啡杯，編劇用來醒腦的咖啡，灑滿桌面。

「請管好妳的小孩好嗎？他這樣跑來跑去很危險。」朋友好聲好氣地跟小男孩的媽媽這麼說。

高高盤起的髮絲有著完美弧度、戴著香奈兒標誌耳環的媽媽卻對我的朋友說：「妳沒小孩吧？聽妳說話、看妳的樣子，就知道妳沒有孩子。哪個小孩不調皮啊，他又沒弄壞妳什麼東西，妳在不高興什麼？」

朋友的理智線，一秒斷線。在平日的狀態下，通常咖啡還沒喝夠，腦袋啓動運轉是緩慢的，但是聽到這麼讓人惱火的話，沒有咖啡也能加速思緒運行。

「妳的孩子弄翻了我的咖啡，什麼叫沒弄壞我什麼東西！我有沒有孩子，干妳屁事！妳有孩子就了不起嗎？就可以放任他擾亂別人的安寧嗎？」

貴氣媽媽火氣也上來了，竟然叫孩子繼續跑，「跑給沒生孩子的母雞看！」這句話徹底惹怒我的朋友，店員立馬上前勸雙方息怒，好言勸戒貴氣媽媽：「孩子在店裡奔跑，確實危險，麻煩您看好孩子。」

店員的勸戒，貴氣媽媽根本沒放在心上，繼續任憑孩子亂闖，她輕啜著咖啡，咖啡杯緣佈滿鮮紅的口紅印，一如她恣意張揚的性格。

壓抑怒氣，收拾東西正準備離開的朋友，回頭看見小男孩打開男廁大門，蹲在小便斗旁，拿起裡面的冰塊往嘴裡塞。

朋友心裡掙扎了一下，該不該告訴他那貴氣又討人厭的母親，眞的該好好看著孩子？

當理智與情緒還在交戰的時刻，小男孩含著冰塊，又拿了幾塊在手上，衝出男廁，往他母親身上一扔，朋友看到這一幕，放心地離開了咖啡店。她相信這個貴氣媽媽，會看好孩子了。

朋友把這件事寫在臉書上，她問：「**有孩子就了不起嗎？有孩子，旁人就必須無條件忍受他的吵鬧嗎？**」

搭乘大眾交通工具的時候，我也常看到有些父母放任孩子吵鬧喧嘩，倘若孩子還在襁褓階段，一般人可以體諒忍受；但若孩子超過三、四歲，到了可受教的年紀（至少確定孩子聽得懂人話了），父母親就有責任安撫並告知孩子規矩、教導他學著尊重他人。

當父母安撫或制止無效，旁人多半會忍耐、體諒父母的難爲；但若父母選擇不作爲，任由孩子在公共場所哭鬧喧嘩，這會讓旁人不舒服。

「有孩子」不是握有「凡事必須被優先禮遇、被體諒」的尚方寶劍；「有孩子」是背負教育他的重責大任。

有人說，這個社會對小孩不友善，因此生育率低。比起對待小孩，我認爲這個社會對單身及沒有孩子的女性最不友善。一個女性不論工作、事業多麼成功，沒有婚姻或結婚沒有小孩，會被認爲是個缺憾，甚至是人生最大的失敗。

人生的完整，不需透過孩子來證明

「錢賺再多有什麼用？死後沒人哭、沒人送終。」這句話，在不同的時空裡，從不同人的嘴裡說出來，都是說給我聽的。

第一次對我說出這句話的人，是我的職場競爭對手，一個已婚有孩子的女性。董事會在她和我之間，最後決定由我出任公司總經理。她輸得很不甘願，當其他主管跟我說「恭喜」的時候，她說，她還是回家讓老公跟孩子抱抱取暖。「我有家，她有什麼？錢賺再多、就算公司都是她的，老了就是孤獨死，搞不好死了還沒人收屍。」

我在被收屍之前，先收拾了她。

不願配合領導，只能成全她回家找老公孩子取暖。之後，她在業界消失，到處找工作卻沒有公司聘用她。

當公司因應轉型、併購……等情況，需要裁員的時候，我出面協調，被裁的員工，也有人對我說過同樣的話：「妳事業再好，沒屁用啦！今天妳裁掉我，我祝妳絕子絕孫！」

「絕子絕孫」這四個字，在我邁入四十歲的時候，已有徹底的自我了悟：**我的人生是沒有孩子的人生。恐懼嗎？遺憾嗎？答案是：沒有！因爲生孩子，從來不是我的人生目標。**

某些人說，有了孩子，女人的生命會更完整；或女人只有在當了母親之後，才是完整的女人。我對這些表述超級反感。什麼時代了，女人還需要透過生孩子，才能證明自己的完整與存在意義。我相信，**一個生命的存在，本身就有意義。那些需要「證明」才能有價值的，本身就沒有價值。**

有孩子，不保證你不會孤獨死。事實是，每個人的終極處境，就是孤獨。當一個人臨終的時候，再多人隨侍在側，再多哭喊，當事人都無感。有些宗教的說法是，靈魂要離開身體的時候，周邊環境越安靜越好，哭聲會阻礙靈魂升天安息。

若真擔心死了沒人哭，多花點錢，事先找好孝女白琴，要多少孝女哭，就有多少，保證哭斷腸。死了以後，什麼感覺都沒了，有沒有人知道你死了、有沒有人來收屍，重要嗎？還有意義嗎？

「四個小孩」，比親生的孩子更可靠

單身或沒有子女的女性，與其擔心這些，不如先規畫好自己的未來。**妳必須有自己的房子，有相當數目的存款，有保險，有信任的親友，建立可信賴的人際網絡，當遇到突發危機時，確保自己有求助的對象。跟住家大廈的管理員保持良好互動關係，他們會是妳隨時的幫助（這點超級重要，請畫線）。此外，保持學習動力，培養自己的嗜好，注意身體健康。簡單說，就是「老本、老友、老命」都要顧好。**

有孩子不能保障妳的未來，只有「操之在我」的部分，提前做好準備，才能保障自己的老年。有知心的親友，老了可以做鄰居，大家彼此作伴。未來的社會發展迅速多元，屆時，養老村會提供比現在更先進、更完善的服務。

不要擔心「孤獨死」，妳聽過有誰「結伴死」的嗎？新聞看多了，妳應該會同意，「共赴黃泉」通常都不是好事。

先好好活，好好存錢。千元紙鈔上的四個小孩，比妳親生的孩子更可靠，帶這四個孩子出門，保證人見人愛。

當妳活得精彩愉快，珍惜自己擁有的，看到自己的「福」，不爲自己沒有的感到缺憾，不再被「絕子絕孫」這四個字恐嚇綁架，妳就眞的自由了。

幸福是什麼？食物裡愛的記憶

食物，有一種魔力，
會勾起專屬於我們個人生命中的某段片刻記憶。
食物，觸動了我們的味蕾，打開了記憶中的盒子，
浮現某個人和屬於他的愛的記憶。

用菜香回報一生的深情守候

四十五歲以前，工作占據了她人生百分之九十的時間。
那一年納莉颱風重創台北市，她指揮新聞團隊深入各地，連續一個星期睡在新聞部

的辦公室裡，直到災情趨緩，她才回家休息。她是新聞部的拚命三娘，我常笑她根本是「駱駝」轉世，每天早上七點半進辦公室，吃了一片吐司加上一杯咖啡，接下來一整天，她忙著工作，可以不吃不喝到晚上九點下班。

她曾經是我的長官，思維縝密靈活，對新聞事件觀察敏銳，個性強悍又溫潤，跟著她做事，沒有一點的猶豫，更沒有模糊不清的指令。她帶領的新聞部，團結又有拚勁，我們是收視率的常勝軍。

她是職場的強者、生活的弱智。從來不進廚房，因爲工作忙到根本沒有時間可以耗費在採買、清洗、切菜、燉煮、洗碗上。她後來成爲一位出色的廚娘，關鍵是，她摯愛的先生生病了。

向來外食的她，自從台灣有了外賣服務，壓根沒想過自己有一天會走進廚房，直到她的先生生病了，吃藥的副作用讓他失去味覺，「吃東西覺得都沒味道、不好吃也不想吃。」

先生生病後，工作狂的她暫緩了工作的腳步，把重心挪回家庭。她先生在生病前，很懂得吃，說得一口好菜；生病後，只要先生提到什麼家鄉菜，她就上網找做菜教學影片，一邊看一邊跟著做。就這樣，一個從來沒做過菜的中年廚娘誕生了。她看著被她一刀一刀刨出的豆腐干薄片，佩服自己，竟然有廚藝天賦。

先生吃著她親手做的菜，因生病影響了吞嚥功能，但他奮力咀嚼、吞下去後露出的滿意笑容，成爲廚娘天天下廚的動力。她拿出職場拚搏的堅毅，在先生離世前的最後一段時光，她天天爲他做他喜歡吃的菜。

先生病重到最後無法進食，她依舊烹煮滿桌的菜餚，讓房子裡充滿菜香。躺臥在床的先生，用眼神微笑著。她用菜香，回報他一生對她的深情寬容與守候；他用眼裡笑，回報夫妻間的心有靈犀。

先生走了，中年廚娘失落了好一段時間，重新審視自己的生活，決定一個人也要好好吃飯、好好睡覺。她繼續下廚，用記憶中的味道做出先生愛吃的菜餚。她在一個人的餐桌上，擺著兩副碗筷，告訴自己「一個人也要好好吃飯」。

「靈界廚娘」的安靜護持

當記者的時候，跑過美食新聞，吃過不少好料。再好吃的東西，時間久了，難免遺忘了滋味，但是那些藏在食物裡的故事，讓人記憶深刻。

有一年新聞部製作「尋找台灣美食」系列報導，我奉命採訪有特色的台灣牛肉麵店。台灣到處都吃得到牛肉麵，價格從百元到千元不等，從路邊攤到店面，台灣有數不完的牛肉麵店。我正煩惱著要採訪哪一家有「特色」的牛肉麵店，從朋友那裡聽到南投草屯老董牛肉麵的故事，我決定跑一趟南投。

老董的牛肉麵，紅燒、清燉各有滋味。老董天性樂觀豪爽，「開店就是要給客人吃好、吃飽。」他的牛肉麵，牛肉多、大塊鮮嫩又好吃。我採訪時發現，老董開店是「做健康」兼「交朋友」的，客人錢沒帶夠，他不是說「下次來再給」，而是豪氣地說：「沒關係，這頓算我請！」

老董牛肉麵生意興隆，我們採訪他，向來豪邁的他卻突然害羞了起來，「我就是一個賣麵的，怎麼好意思上電視。」在老董老派的觀念裡，電視報導的，不是國家偉人、企業鉅子，就是角頭老大，「你好歹要是個大尾的」才能上電視。

面對鏡頭，老董靦腆地分享熬製湯頭的獨門秘方，我問他，創業成功的關鍵是什麼？他安靜了幾秒鐘，跟我說：「妳跟我來！」

老董帶著我和我的攝影搭檔，穿越食堂，來到屏風後面，這是禁止客人進入的地方。「是她保祐我，生意興隆。」老董凝視著牌位，告訴我，這是他冥婚娶的妻。

電視《戲說台灣》鄉土傳奇才有的故事情節，在老董的現實生活中上演。

「我撿起路上的紅包袋，就冒出一個老先生，哭著求我，娶他往生的獨生女。」老先生敘述女兒是怎麼過世的，還說女兒託夢要求他，幫她找個男人結婚。老爸爸說得老淚縱橫，老董聽了覺得無稽。

回家後，老董當晚做了一個夢，夢到一個女孩跟他說話，醒來，夢中對話已忘，但女孩邊說邊哭的樣貌，清楚地烙在腦海。老董回到撿紅包袋的地點，等了一上午，終於看到老先生。老先生每天在這個路口徘徊，想念車禍喪生、正值花樣年華的獨生愛女。

「讓亡者安息，願生者無憾。」老董經妻子同意，決定圓了女孩和老先生的心願。他迎娶女孩的牌位，供在店的後室。「眞的很神奇！她來了以後，我的生意越來越好，從原先的路邊攤，生意好到不到一年就開起店面。」老董沒有居功，他把功勞歸給女孩。女孩每天看著老董工作的背影，有時會在夢中告訴老董，湯頭可以再加些什麼，味道會更好。

「靈界廚娘」安靜地護持老董的麵店，生前從未謀面的兩個人，在各自所處的世界裡，彼此祝福、相互守望。

幾年前，老董騎重機，車禍死亡。我想起那次採訪，老董掀開繡著一對鴛鴦的紅布，我看到女孩牌位的震驚。老董和他冥婚的妻團圓了。我想起張曼娟老師《鴛鴦紋身》中的字句：

在人世與幽冥的交界處，他們相愛。人或鬼或神，都不能干涉。只有鴛鴦浮游水上，見證這場，生死纏綿。

爲人子女的難題：爲什麼是我成了照顧者？

不管是什麼原因讓你成了照顧者，請珍惜這個機會，因為照顧的過程會讓你體會，什麼才是人生最值得珍惜的東西。照顧父母讓我們提早預習自己的老年。

阿娥（越南文Nga）在我服務的胡志明市越南電視台擔任文字記者，是個勤奮工作又有新聞敏銳度的年輕人。有一天她向我遞出辭呈，理由是她母親罹癌，需要開刀，開刀後還要化療及放療，加上恢復期，她估計要花上一年以上的時間。「不想耽誤公司的工作，不想增加同事的負擔」，她選擇辭掉這份她喜歡的工作。我問她：「妳沒有別的兄弟姊妹嗎？辭職是妳唯一可以做的選擇嗎？」

Nga在家排行老三，大姊嫁到澳洲，大哥是公務員帶著老婆孩子住在峴港，Nga有個妹妹在越南的韓國企業上班，是全家四個孩子裡，收入最高的一個。

當四個孩子得知母親罹癌時，私下討論該由誰來照顧媽媽。

「我在澳洲，遠水救不了近火，我有自己的家庭要照顧，媽媽就麻煩你們了，有任何事，我們保持視訊聯絡。」大姊這樣跟弟妹們說。

「我的工作是鐵飯碗，沒辦法請長假，而且我在峴港、媽媽在胡志明市，就請妹妹們照顧了。」哥哥有養家的經濟壓力，公務員的飯碗是他人生最不能失去的東西。

「姊，我賺得比妳多，媽媽生病需要花錢，我負責賺錢，妳的工作再找就有了，媽媽就麻煩妳照顧了。」排行老四的妹妹這樣對Nga說。

「我也想過自己的人生，爲什麼他們的人生可以不受媽媽生病影響，而我卻被迫改變？我媽媽最疼的是我哥啊，從小什麼好東西都先給他，爲什麼媽媽生病了，不是哥哥照顧媽媽呢？」Nga流下眼淚，這眼淚是擔心母親的病情，更是心疼自己。

三十歲單身的她，原本計畫要拿獎學金出國念書，現在因爲照顧母親，人生按下了不知何時才能再啓動的暫停鍵。

當Nga問我，爲什麼四個孩子裡，是由「最不受寵」的她負責照顧生病的母親？以我的親身經驗及觀察，得出下列結論：

一、未婚單身的女兒，被認爲最沒家庭（經濟）壓力，會被手足推出來，擔任病榻的守護者。

二、經濟弱勢的人，會被其他手足認爲「反正你有沒有工作都沒差」「像你做這種容易找的工作，再找就有了」很容易成爲照顧生病雙親的首選。

三、爸媽雖然沒有最疼愛你，但你是所有孩子裡，心最軟、最溫暖的那一個。你相信工作再找就有了，有些東西卻是錯過不再有，於是你選擇珍惜跟罹癌父母相處的時光。

我讓 Nga 留職停薪一年，讓她安心照顧生病的母親，不用擔心以後沒了工作。她的情況，讓我想起十年前的我。

公司要的是你的「績效」，不是「盡孝」

當我知道父親是癌症末期的時候，我主動提出減薪並請調單位，從原來的新聞部調到節目部，只負責一個週播的節目，爲的是方便家裡有狀況時可以隨時搭高鐵回家。

向來推動孝親、甚至辦過大孝獎的老闆，同意了我的要求，主因是我很識相的「主動」提出減薪，因爲未來我只負責一個一星期播一小時的節目，加上在這家公司待了七年多，不敢自豪戰功有多彪炳，但至少有做出成績。老闆拍拍我的肩膀說：「孝順的孩子會有福報的。」我就調往節目部了。

隨著父親病情惡化，我臨時請假的頻率增加，儘管用的是自己的年假，也沒有影響到工作進度，就在我第三次臨時請假的時候，節目部的總編輯把我叫進辦公室。

「妳的狀況我知道，但是這樣臨時請假，會影響到其他同事的心情。」總編輯很嚴肅地說。我回他，我的週播節目已經事先存檔了至少十二集，換言之，節目在三個月內都不會開天窗，加上我請的都是年假，「我待了七年，累積了多少年假，我請我的年假是影響到誰的心情了？」「妳影響到我的管理，影響到我的心情！」總編輯直白地說並且告訴我，這是他最後一次批准我的臨時請假，「下不爲例，妳要知所進退。」

父親在第二次化療回家後發燒，情況緊急，我必須馬上趕到醫院，再一次的臨時請假，假單沒被批准，我找上老闆，他說：「妳的情況我聽阿孝總編輯說了，人都會死，妳這樣常常臨時請假，確實讓阿孝很難管理。」

這位在媒體訪問時，提到過世雙親，總是眼淚鼻涕齊發、感念父母恩的老闆，現在告訴我，「人都會死，妳不能造成公司管理上的困難。」在那一刻，我「被離職」了，趕到醫院照顧父親兩個星期後，父親過世了。

十年前的經驗讓我明白，**我可以當孝女，老闆們也都說孝順很重要，但是沒有一個老闆願意讓妳在他的公司當孝女。他可以告訴妳「孝順的孩子會有福報」，但是他不會讓妳享有「保留工作」的福報**。

不管你是被動或主動成了病榻前的照顧者，請不要抱怨，應珍惜跟家人相處的時光。自出社會工作後，我沒有單獨跟父親相處超過一星期，因爲病床前的照顧，讓我跟父親有了兩個星期相處的時間。他在快要失去意識之前，用微弱的氣音跟我說：「丫頭，爸爸拖累妳、對不起、謝謝妳。」這是我父親最後對我說的話。

我沒有後悔失去工作，我很後悔沒有在父親健康的時候多陪陪他。我把人生最好的時光給了工作，工作卻在我最需要幫助的時候，拋棄了我。

父親過世後半年，安頓好母親，我開始找工作，沒想到已經累積十五年以上工作經驗的我，竟待業一年才重返職場。

當時四十歲的我想轉業，面試時，人資問「爲何工作履歷有半年的空白？」我誠實地回答：「我回家照顧癌末的父親。」人資說：「妳眞孝順！」停頓兩秒後接著說：「很冒昧地請問一下，妳母親還在嗎？」這個問題是想確認，我還會不會再當一次孝女，公司不想聘僱一個新員工之後，又因爲照顧家人而離職，引起管理及再招聘的麻煩。

「孝順」沒辦法替你的面試加分，一個爲了拚業績無法出席至親喪禮的業務員，比較有可能成爲老闆表揚的模範員工。公司要的是效率、生存及利潤，不是你孝順的美德。

照顧者重返職場的面試須知

照顧者在結束照顧任務，想重返職場，履歷及面試有幾點可供參考：

一、履歷表的工作經歷以「年」作單位標示。

比方說，在某日報擔任文字記者（二〇一〇年至二〇一二年）、某新聞台擔任編輯（二〇一二年至二〇一九年），不用把月份標示出來，避免人資一眼看出你的工作中斷、履歷空白。

二、「孝順」不會替你的面試加分，請以「其他理由」解釋請辭上份工作的原因。

比方說，想轉業因此花了半年的時間，特別去學習哪些新的技能，以符合現在面試這份工作的需要；或者，想挑戰自己的體能，於是花了半年的時間去登百岳。總之，記得你可以當孝女，但沒有一個老闆會讓你在他的公司當孝女。

三、照顧者重返職場，薪資縮減，待業期拉長。

待業中的人找工作，人資不會按照你先前的薪資衡量你的價值，你會因爲工作中斷的緣故，面臨減薪的命運。待業越久，薪資下滑得越厲害，最後變成不斷向下沉淪的找工作。你要不就是向低薪妥協，工作先求有再求好；要不就是繼續等，不知何時才能再回到職場。

這段待業的經驗讓我體會到，若你具備含金量高的專業技能，比方說你是高科技產業的工作者；或者你有別人不可取代的實力，比方說你手中有億萬身家的客戶，可以替公司帶來龐大業績（商機），只要你具備這兩種關鍵能力，老闆絕對會成全你當孝女！當你結束照顧責任，公司會敞開雙臂等你回來。

先成爲職場的強者，這會讓你有底氣，做出請辭回家照顧家人的決定。

做任何決定前，先問自己「什麼是我最珍惜的」，如果選擇留守在家人身旁、擔起照顧者的責任，就不要埋怨爲什麼其他手足可以繼續做他們的工作，而我卻被迫暫停。

別輕看自己的付出，我們不是因爲追求夢想而自由，是那選擇留守的人，成全了我們的自由。

Part 3

人生篇

比較：一種幽微的心情

善用比較，可以精進自己；濫用比較，會讓自己痛苦。

當我們出生前，父母對我們的期許是「只要孩子健康平安就好」；等出生後，從身高、體重就開始比，看這個新生兒是排名前百分之幾。接下來的人生，更是在各種競賽中度過。

幼稚園的唱歌跳舞比賽、小學說故事演講比賽、在學期間，各種學科競賽、音樂才藝比賽、體育田徑賽事……出了社會，爭取客戶、升遷考績，都是「比較」出來的。

我們跟自己比，每年的新希望、總是期許自己一年比一年更好；我們也跟他人比較，**人生很多的憂愁、失落感，來自於跟他人的比較**。

比較是一時的，人生最後什麼也帶不走

不管在學校或出了社會，同梯的最容易互相比較。主管也很自然的、會把同期進入公司的人進行比較。

民國八十五年，我考進台視新聞部時，當時的新聞部經理習慣把我跟另外兩名同期考進新聞部的文字記者做比較。「妳看你們同時進新聞部，他們兩個人的現場連線，都做得比妳好。」同梯的，不管你願不願意，就是會被別人拿來比一比。

這麼一比之後，三個人就很難做朋友。

當初競爭的三個人，每天新聞播出單（rundown）一印出來，先看自己的新聞有沒有被播出，接著看對方的新聞被排到第幾則。二十五年後，我們各奔東西，誰也不記得誰。

恩惠跟怡君在大學時期是超級好朋友，進入職場後，依舊保持聯絡，直到三十歲，恩惠嫁給了繼承家族企業的二代，而一直想結婚卻苦無對象的怡君，看到好友結婚生子，好像一切都來得這麼容易自然，她卻始終在人海中漂浮，怡君陷入了低潮，漸漸跟恩惠疏遠。

看到恩惠的幸福，彷彿在提醒怡君的失敗；恩惠的擁有，好像就是怡君的損失。一有了比較，就注定做不成朋友。

「比較」是很幽微的一種心態，有時候，我們好強、好面子到一種程度，甚至不想去面對它、不願去承認它。尤其當這種比較，是來自我們「主動」把自己跟好友或手足相比，我們的失落在於「爲什麼是他？我沒有比他差啊！」

父親在過世前，進行過一次大手術，手術進行到一半，穿著手術衣的護理師走出開刀房，大喊：「×××的家屬在嗎？」我起身應答。她說，開刀出了狀況，執刀醫師要我進開刀房跟我說明，並且需要我做決定。

心慌意亂又匆忙的情況下，護理師幫我換了手術衣，「包包放下，項鍊拿掉，身上什麼都不要戴」「什麼都不要帶」護理師連講了兩遍，那一刻，我恍然大悟，**在人生最危急、生死攸關的時刻「什麼都不要帶！」**

所有的比較跟競爭，都是一時的；人生到最後，什麼都不要帶，因爲，帶不走。

我的追愛啓示錄

在我的一生，我甘願來相信，每一朵花都有自己的春天。
在我的天頂，大雨落不停，也不能改變我的固執。
永遠等待那一日，咱可以出頭天。

——五月天歌曲〈出頭天〉歌詞。

我從三十歲開始相親，在四十九歲結婚。如果把相親經驗寫成一份履歷表，我有近二十年的相關資歷，累積跟各種不同男子的「面試」經驗，在「相親」這件事情上，我擔當得起「資深」二字。

二十六歲考進台視新聞部之後，我認爲人生最重要的兩件事，工作及婚姻，我已經完成了一半。當時還是三台壟斷的時代，外傳台視新聞部記者有「單月領單薪，雙月領雙薪，外加二十四個月年終獎金」的優渥待遇。考上台視新聞部收到錄取通知單的那一天，我覺得我已經走到事業的巔峰，對得起張家列祖列宗。

我認爲的人生是一個大圓，工作圓滿了，就計畫完成另一個半圓——結婚。

被偷情男誤了「種桃花」的良辰

看到太多同業離婚，我把「新聞及傳播相關工作者」從對象清單中排除；我在記者工作試用期間跑過社會線，看過警匪槍戰實況，不想太早當遺孀，我把「警察」拿掉；正式成爲記者之後，負責政治新聞採訪，那些看似正義凜然、實則假掰齷齪的嘴臉，「政治相關工作者」成爲第三波被掃除的名單。

三十歲前，覺得自己什麼都沒有，有的就是「時間」。年輕就是本錢，「時間」對未滿三十的女子充滿慈悲，它流逝的速度緩慢，慢到讓人沒有察覺。直到年紀來到三十歲，赫然發現，年輕的光陰像麻藥，藥性在時，人在天堂，想要什麼對象，任妳挑；藥性一退，墜落地表，怎麼瞬間就成了熟女，惹人嫌。

三十拉警報，父母催婚，到處拜託人介紹。我也很努力用盡各種方式，強化我的姻緣。一看新聞報導哪間廟宇有助姻緣，明明心裡很想趕快有個對象，但又怕被熟人撞見不好意思，於是我常選擇大雨滂沱的時候，戴著大墨鏡，去燒香許願。不知道是不是戴墨鏡，神明沒看清楚我的關係，抑或是雨聲太大，神明沒聽見我的願望，我的姻緣，不見起色。

正懷疑月老是不是工作過勞，忘了我的請願案，此時，在台北租屋的室友、跟我同年的大學同學，她在廣告公司上班，有個女同事請桃園一位濟公活佛作法「種桃花」，不到三個月就遇見眞命天子。這個例子太勵志，同樣想婚的室友打電話跟濟公師父預約，我們決定走一趟桃園。

當天傍晚正要出發的時候，我接到採訪中心主任的電話，要我趕緊跟攝影記者會合，「已婚的×××正在薇閣，跟一個女的偷情中」，我改道去拍×××偷情，躲在薇閣外受冷風吹，心裡只想著，拜託×××別纏綿溫存太久，趕快「完事」出來，我還趕著去桃園「種桃花」。

那晚，我錯過了「種桃花」的良辰，凌晨一點，我還守在薇閣。

清晨，室友帶著一朵艷紅玫瑰返回租屋處，小心翼翼地插在水瓶中，「種完桃花，玫瑰要養三天，三天之後沒凋謝，就是姻緣已定。」室友喜孜孜地跟我分享濟公師父說的話，她呵護紅玫瑰三天，第四天，她脫胎換骨，成天喜上眉梢，好像立刻就可高唱

「明天我要嫁給你」；而我，卻被偷情名人耽誤了桃花。

室友「種桃花」後半年，就交到男朋友，兩人交往三個月結婚。每次看到那位偷情名人出現在螢光幕，我就想起在薇閣的那個晚上，他有多銷魂，我就有多遺憾。

找對象不需不好意思，更別湊合將就

很多人應該跟我一樣，爲了找到對象，做了各種努力，從天上到人間，該拜拜的神、該請託的人，都知道「我想結婚，請幫我找對象」。

我不認爲讓人知道我想結婚是件丟臉的事。對我而言，**「想結婚」跟「想加薪」是一樣的事，你不能默默地等待別人發現你的好，等著別人給予，而是你覺得你值得，你就去爭取，沒有面子問題，當然也沒有所謂的「不好意思」**。

你若覺得公告周知，讓全世界知道你想結婚，是件很丟臉的事，我認爲**你的扭捏在於，你心裡明明很想要這個東西，卻礙於面子、不好意思開口，最後很容易變成「想得卻不可得」的遺憾**。

你想跳槽換工作的時候，會告知親朋好友幫忙牽成，同樣的，你想結婚，也該讓親朋好友知道並拜託他們牽線。只要朋友幫忙介紹對象，我都會擠出時間，不管是實體的見面或線上先彼此認識，我會付諸行動。

朋友介紹的好處是，他們對你的背景、個性及怪癖，有基本了解，減少溝通的時間成本。儘管如此，我承認，在朋友眼裡，我是個難搞的大齡女子。

富二代，會讓我壓力太大，得時時防範小三，我怕我會因此躁鬱；軟爛男，不好好工作，第一次見面就問我：「一個月賺多少錢？」搞得好像我是他娘，有義務養他；猴急男，一見面就問：「打算什麼時候生小孩？」只好直接送他「干你屁事，謝謝，不聯絡」；交往後發現是暴力男或一言不合，一秒變成馬景濤式的咆哮男，我立刻斬斷聯繫，在媒體已經遇到太多瘋子，回家不想再面對一個。

朋友覺得你挑三揀四，時間越來越不站在妳這邊，「結婚就是過日子，妳就將就著點，湊合著過日子吧，年紀不小了，別再挑剔了，妳挑別人，別人也嫌妳啊！」這是大齡女子相親到四十歲，最常聽見的勸世語。

我沒放棄，更沒打算將就。我把工作做好，養活自己外，力求經濟獨立自由，年過四十，面對單身這件事，心境比起三十出頭的時候，多了一份沉穩與篤定。我能結婚，很好；持續單身，也不錯。少了三十出頭對結婚的急迫感，大齡女子單身生活，反而更輕安自在。

很多事情是這樣，**當你越輕鬆自在，不再用力想抓住什麼的時候，你之前想得的，就會在這時候，安靜地來到妳面前。**

二〇一八年初，朋友打電話給在越南工作的我，希望我利用回台休假時間，跟某個對象見個面，「他可是我用心找給妳的，妳無論如何都要上台北跟人家見個面。」朋友把對方的照片傳給我，我看到長相時覺得納悶，什麼時候得罪了朋友而不自知。

回到高雄老家，南部太陽正暖和，眞心不想爲了見一個對象，專程搭高鐵到下雨寒冷的台北。天氣不好是藉口，對象的條件讓我有點猶豫，才是事實。

朋友說，這個對象個性溫和，兩個孩子都已成年，離婚五年了，現在一個人住，職業是醫師。朋友最後加上一句我最堅持的擇偶條件「他不抽菸」，希望能替失分的「長相」加點分。

我搭高鐵，在冬雨泛漫的台北，跟這個對象見了面，他在二〇一八年底，成了我的丈夫。那年，我四十九歲。

相親教我的事

先把一個人的日子過明白，才知道自己需要怎樣的另一個人。

——戲劇《30而已》經典台詞。

我從來不是單身主義者，我想結婚，也讓周遭親友知道，「拜託，有適合的對象，麻煩介紹一下。」我從不覺得讓人知道我想結婚、我想找對象，是件丟臉的事。

以前，當我單身的時候，爲了說服自己單身也不錯，常常看一位鼓吹單身女作家的書，然而，當她突然宣布結婚，我幾乎身心崩塌，「單身不是她鼓吹的信仰嗎？一個人也可以很快樂，找男人不要找小開，都是她說的，她怎麼可以結婚而且還是嫁小開？」

從那時候起，我選擇誠實面對自己的想望，我想結婚。

因爲採訪的關係，我認識一位紅娘，我倆成爲好友，我成了她的會員。紅娘安排對象前，讓對方知道，我在電視台上班是個記者，很多男人一聽是「記者」就打退堂鼓，紅娘爲了增加我的「面試」機會，擅自把我的職業改爲「小學老師」。

「Sally，記得要說妳是小學老師，在敦化國小教書。」紅娘在相親見面前，這樣叮嚀我。「爲什麼要欺騙呢？我是記者，以後他看電視也會發現我是記者啊！」我反對用欺騙的方式，取得相親見面的權利。「一說妳是記者，男人就跑光了，誰要娶伶牙俐齒的女人爲妻！」紅娘的解釋，讓我突然覺得好失落，考上台視新聞部當記者，是我這輩子最光宗耀祖的事蹟，怎麼到了婚姻市場，反成了一大敗筆？小學老師是最宜室宜家的職業嗎？伶牙俐齒的機靈女子，不宜爲妻嗎？

在男人心中，完美的妻子應該具備什麼條件？人世間，會有這樣的妻子嗎？這些完美妻子的人設，是否只存在於偶像劇、古籍經書或宗教典籍裡？

綜合我多年相親的經驗，我發現相親跟工作面試，有很多相似之處。條件相對優勢的一方，就是面試官，他有高度的自主權，因爲條件好，前仆後繼來面試的人也多，他擁有絕對的選擇權；而條件相對弱勢的一方，就是應試者，極力展現自己的優點，希望有機會拿到交往錄取通知單。

就像工作面試一樣，相親會先自我介紹，接著聊到工作及家庭。相親的目的很明確，大家都是為了結婚找對象而來，越急著結婚的人，或是個性急躁的人，問問題越直接，甚至到了一個無禮白目的地步。我的相親經驗中，被人問過各種奇怪的問題，有些問題一聽，我就直接跟對方說：「我還有事，祝福你早日找到好對象！」

・妳家人有沒有遺傳性疾病？妳爸爸肺癌過世，妳是不是肺癌高危險群？（我還沒問你家人是不是都有病？怎麼生出個你，這麼愛問別人有沒有病）

・記者是不是都很會說話？妳應該很會吵架吧！（記者不會說話，新聞報導難道是在看默片嗎？我本來不想吵架，聽你這麼一講，我就想吵了）

・妳條件不錯啊，怎麼會來相親？該不會是有什麼難言之隱吧？（我就是條件太好了，大家都以為我一定炙手可熱，但事實是，根本沒人追我，我才淪落到跟你相親，這就是我的難言之隱）

・聽說台視待遇很好，妳年薪多少？有沒有兩百萬？（我薪水多少，干卿底事！我怕說出來，你會怕）

・妳年過四十，還能生小孩嗎？我是獨子，結婚一定要生孩子，而且一定要生兒子。（我有房有車有存款，什麼都好，就是卵巢跟子宮差了點，很抱歉，不包生更不包生男，祝你子孫滿堂）

・妳做新聞工作，應該很忙，將來會不會沒有時間照顧家庭？妳會放棄工作，選擇家庭嗎？（你該先問自己有沒有能力養家，再來要求我放下工作吧？我單身不工作，誰養我？）

・妳會做家事嗎？婚後會排斥跟公婆、叔伯及姑嫂同住嗎？（我會做家事，但我不會替你一家子做家事，你需要的是外傭，不是我）

・妳是新聞總監喔，那妳一定認識很多女主播，可不可以介紹我認識×××，她是我的理想型。（我是來跟你相親，不是來當你的紅娘。你仰慕的理想型，她的理想型是企業小開）

在新聞台工作的關係，我發現跟我相親的男士，都對電視台（不是對我）感到興趣，尤其對女主播，更是充滿幻想。相親男士一聽我的工作是在新聞台，還沒問我的家庭背景或生活嗜好，主題就直接切換成「這些年我愛慕的女主播」。這些男子讓我明白，爲什麼政商名流喜歡跟女主播交往，因爲光是這段交往經歷，就可以讓他們說嘴、炫耀宣揚一輩子，有位「主播前女友」是男人一生的亮點。

相親像職場，越強大越自由

你想結婚嗎？請拿出你替公司做專案企畫的認眞態度，謹愼地詳細列出你的擇偶條件，如果不能正面表列，至少你得確認自己討厭什麼、什麼是你絕對不能接受的，比方說，我非常討厭菸味，「一定不能抽菸」就是不能讓步的擇偶條件。

相親是給自己選擇的機會，不要被照片長相騙了，見過面才能確定感覺。我當時如果因爲看了照片而放棄見面機會，就沒辦法認識我的先生，見面交談後我發現，他本人比照片好看太多了。

請愼重看待每一次的相親，就像工作面試一樣，請守時並保持良好的應對態度。在這場相親中，不管你是面試官或是應試者，你們都有選擇的權利，容或彼此條件有高有低，在相親這件事上，兩人地位是平等的，你挑我，我也在挑你，就算沒看上眼，也不要讓對方覺得你貶低嫌棄他。

把握每一次相親的機會，在相親互動的過程中，你會更了解，自己究竟喜歡什麼樣的人，也會更確定，什麼類型的人是你的拒絕往來戶。

相親跟職場生存一樣，當你越強大、條件越好的時候，你就越有選擇的自由。不要貶低自己迎合別人，你是職場強人，就沒必要裝成小學老師，所有在相親時就掩飾的眞相，在交往及婚後，都會現形。**能接受你本相的人，才有可能跟你一起長久生活。**

祝福每一位想婚的人，**別寄望別人圓滿你的人生，只有你先把自己的日子過圓滿了，才有可能遇見另一個圓滿，然後彼此相伴而不羈絆地攜手同行。**

大地主相親記

老了戒之在「得」。老了，就要戒斷還想「獲得」的心態。想得到更多的金錢或更多的肉欲滿足，這些都是痛苦的來源。

新聞常常出現這樣的報導：某些男性或女性列出的擇偶條件，非常具體，也非常引人爭議。男性要求女性的年齡、身高、三圍及長相，會做家事，算是加分題；女性列出希望的對象，年薪必須達到多少金額、有房有車是基本款，婚後不跟公婆同住，則是特別加分題。

這些擇偶條件，簡單歸類，男性在乎女性的外貌身材；女性在意男人的經濟條件。會上新聞版面的，通常是自己條件不怎麼樣，卻要求對方必須高大上。

一個月薪兩萬八，租屋在外，天天搭公車上班的女性，擇偶條件希望男方月薪至少二十萬元以上，外加在信義計畫區有房，出入至少有兩百萬以上的名車代步。身高一五○公分，月薪三萬元的男子，不僅希望女方有林志玲的外貌，最好能跟林志玲一樣是印鈔機，但是，必須比林志玲年輕。

我們看這些條件，感覺很有娛樂性，現實生活裡，我遇到不少這樣的男女，他們在婚姻市場裡挑三揀四，卻從不看看自己是什麼條件。

我的朋友安琪拉是位紅娘，她的會員超過兩千人，其中有年過七十、台北士林的大地主，希望找個年輕女孩結婚，生個孩子，繼承家產。

目標既然是生子，他訂出的條件是，女方年紀不能超過二十八歲。爲什麼門檻是二十八歲？大地主說，念書的時候，健康教育課程有教，二十八歲以下的女人，生出「天才」的機率比較高。

安琪拉是個不負客戶所託、使命必達的紅娘，她翻遍手中會員名冊，篩選出二十八歲以下（含二十八歲）的妙齡女子，先拿照片給大地主看。大地主戴上老花眼鏡，手拿放大鏡，一個個仔細端詳。

「這個人中太短，命不長」，刪掉。「這個招風耳，活像孫悟空」，不要。「這個蓮霧鼻，又像蒜頭」，太醜。「這個丹鳳眼，眼尾上挑，看起來是嫵媚，可惜有點太凌厲」，算了。

看完一輪，也嫌了一輪，地主問紅娘，「妳就只有這些人選了嗎？」紅娘請地主放寬外貌標準，跟丹鳳眼女子見個面，「這女孩是新聞主播，有碩士學歷，家庭背景單純，父母親都是小學老師，把孩子教得很好，您就跟她見見面，認識一下，無妨。」

地主勉爲其難地答應，約在文華東方酒店見面。

丹鳳眼主播被安琪拉告知，相親對象是七十歲的男子，二十八歲的她立刻拒絕見面，「太老了，比我爸還老，我眞的沒辦法，將來結婚就算他肯喊我爸，我爸也接受不了比他年紀大的女婿。」

安琪拉請丹鳳眼主播幫個忙，「妳不要當作是相親，就當是認識個長輩，陪他喝下午茶，聊聊天，就幫我一次忙，他要我幫忙找對象，拜託到我都快瘋了，妳就幫我擋一次吧！」拗不過安琪拉的請託，加上之前，安琪拉確實幫丹鳳眼安排了不少相親對象，丹鳳眼答應還安琪拉這個人情。

既然不是相親，只是陪長輩喝下午茶，丹鳳眼穿著略顯寬鬆的洋裝，配上平底鞋赴約。

司機開著 Maybach 載著地主來到酒店，丹鳳眼看到沒心動，「一想到這是七十歲的老男人，我就沒有任何想像了」，丹鳳眼事後這麼告訴安琪拉。

地主看到丹鳳眼，一改先前只看照片的評論，原來嫵媚是眞的，凌厲是偏見。丹鳳眼抱著「陪長輩喝下午茶聊天」的心情，定位這次見面。大地主卻以相親的態度，看待這次相約。他像調查戶口般的詢問丹鳳眼的家庭背景、工作情況、喜好興趣等，丹鳳眼以對待長輩的方式，耐心地回應每一個提問，直到被問到「妳喜歡小孩嗎？會想生孩子嗎？」丹鳳眼再也忍不住了。

「伯父，請容許我這樣稱呼您，您比我父親大了兩歲，我想不想生小孩，要不要生小孩，這不是您該關心的問題吧？」這一聲「伯父」，提醒了地主他倆之間的年齡差距。

地主不死心，問她：「妳一個女孩這麼辛苦工作，幫我生個孩子，妳就不用這麼辛苦了，我的都是妳的。」丹鳳眼起身離開，什麼都沒多說，印證了「父母都是老師，把孩子教得很好」這句話。

丹鳳眼主播相親次數超過百次，她不嫁同業、不與工作相關之人有情感牽扯，她請安琪拉幫她找對象，第一個條件是要「談得來」。這聽起來很熟悉卻很抽象的三個字，是紅娘最怕聽到的擇偶條件。「我不見得全盤地了解妳，又怎知妳跟誰談得來？」這是安琪拉的實話。

比起「談得來」這麼抽象的標準，紅娘喜歡俗不可耐的量化數字，像是身高一六〇公分以上、年紀三十以下，月薪五萬以上等。

丹鳳眼還在尋覓良緣的過程中，她說，經過相親百次的歷練，她現在已經練就了一眼就能判斷「這個人適不適合我」的本領。我猜想，這應該就是「眼緣」，一種直觀、可意會，卻難以言傳的感受。

至於大地主爲什麼有錢卻沒結婚生子？性格以及一個讓人無法忍受的要求，是阻撓他姻緣的主因。

他年輕的時候，自視甚高，除了希望女子年紀要在二十八歲以下，還要求女子具備碩士學歷。跟他見面前，要附上健康檢查報告；要懂藝術，他會拿手機中的畫作照片，問妳「這是誰的畫」？他要女人有品味，也要有女人味。

關於女人味，他在意女人的罩杯尺寸，初次見面不能手摸，他用目測，穿著寬鬆或擔心是假奶，他會請妳「原地跳兩下」。

這個初次見面，就要女性「原地胸部跳兩下」的要求，是地主迄今結不了婚的重要原因。

你審視過你的擇偶標準嗎？你列出的擇偶條件，是否有互相牴觸之處？就像地主的標準，你該明白，一個有見識品味的女人，是不會出現在彩虹頻道裡。

大地主死守他從年輕時就訂下的擇偶條件，持續相親中。他讓我想起孔子說：「君子有三戒：少之時，血氣未定，戒之在色；及其壯也，血氣方剛，戒之在鬥；及其老也，血氣既衰，戒之在得。」

孔子勇於面對老年身體機能衰退的事實，**提醒老年人，需要戒斷的，是還想獲得的心態。想要獲得更多的肉欲滿足或錢財，這些都會成爲痛苦的來源。**

老了戒之在得。大地主沒有這樣的領悟，直到現在七十八歲了，他不是在相親，就是在前往相親的路上。

別讓年齡綁架你的人生

年齡只告訴我們活了多久，卻沒告訴我們該怎麼活。
我認為比起活了多久，你是怎麼活的，才會決定你這個人。
我不會被年齡這種毫無意義的概念所困，
人類的重點不在於活了多久，而是怎麼活的。
——日本公關界帝王Roland《Roland我，和我以外的。》

職場生涯發展中，三十五歲是個分水嶺。到了這個年紀，你被社會的標準期許，應該做到主管職。中年前期的焦慮，在三十五歲開始慢慢浮現，什麼年紀對應什麼位階，如果沒有對準，即使只差了一點點或根本沒進階，失敗的燒灼感，以及中年肩負家庭的重擔，會加深對未來的恐懼。

這份恐懼，讓三十五歲以上的人不敢妄動。儘管對目前的工作不滿意，敢另謀出路的人並不多。因爲大家都清楚，企業招聘人才的就業年齡限制，已經來到四十歲。

我認爲**能限制我們職涯及人生發展的，不是年齡，而是我們的心。當我們覺得不可能，自我設限，就什麼都不可能了。**有人不以爲然的說：「能限制我們發展的，不是我們的心，而是公司的人資！當人資看到履歷表的年紀超過四十歲，你連面試的機會都沒有！」

我不否認這是事實，但，這不是全面的事實。

你自以爲的「不可能」，限制了你的可能

當你具備高門檻且含金量高的專業技術，就算你已四十歲，而這個職缺希望是三十五歲以下的人選接任，有些公司人資還是會請你來面試，只要「薪資」能達成共識，你一樣有錄取機會。

很多機會是我們先認定「不可能」而放棄了，不是「年紀」讓我們被淘汰。

當我開設專頁寫作的時候，有朋友告訴我，自媒體是年輕人的東西，「妳都五十二

歲了，有看過這麼老的網紅嗎？」有的則說，太多人寫文章了，現代人個個是作家、拍個影片上傳就是YouTuber。朋友們的結論就是：這條路太多人在走，不適合「初老」者；太多人在寫職場文及生活文，沒搶得先機，這麼晚才寫類似的題材，妳要寫出個名堂，太難！

太老、太難，不會成功，結案！

一件事情，當你凝視它的困難度時，它就眞的很難；當你專注在它的限制時，它就眞的是個阻礙，但是**當你決定去做，你會發現，突破限制，就沒有障礙**，當初覺得困難的地方，好像也沒那麼難了。接下來，**你會感謝這個「難」，因爲它幫你排除了一些競爭者，他們因爲「難」，而沒有開始，就沒進入這個戰場**。

就像一些職缺，礙於勞基法規定不能年齡歧視，但大家心知肚明，四十歲的履歷，很難取得面試機會，可能在第一關就被人資刪除了，如果四十歲的你也這麼想，沒有投遞履歷，你當然沒有機會錄取。

如果你願意「無視」年齡的限制，給自己一個機會，先投遞履歷再說，就算沒有拿到面試通知，至少嘗試過了，不會遺憾，並且你在投遞履歷的過程中，蒐集資料研究對方公司的發展，這個研究的過程，就是一種收穫。

你有沒有想過，**你的很多機會，其實不是被年齡限制，而是被你先刪除掉的？因爲是你先認定「很難、不可能」**，人資不可能面試四十歲以上的員工；年過五十的無名女子，不可能寫出有人看的文章；女人年紀越大，越難找到對象，不可能有好歸宿……**就是這些你自以爲的「不可能」，讓你失去了機會，限制了你的「可能」**。

你爲什麼要被年齡綁架呢？你爲什麼要活在社會標準的框架裡，用年齡區隔自己的人生，然後依此判定什麼是「不可能」？社會標準的適婚年齡是幾歲，過了這年紀，就不可能結婚嗎？我在四十九歲的時候結婚，有朋友說：「更年期的婦女，還結什麼婚？」「結婚就是要生小孩，妳生不出來了，幹嘛結婚，在一起就好了。」面對朋友的評論，我說：「我的適婚年齡就是四十九歲，誰規定結婚是爲了生小孩！」

我不是單身主義者，我想結婚有個家，儘管年紀數字已經對我不利，但我從沒放棄機會。只要有朋友介紹，我會挪出時間去相親。我的丈夫是我特地從越南飛回台灣，相親認識的（詳情在〈我的追愛啓示錄〉）。我認識很多大齡單身女性，她們不是不婚，而是「隨緣」，隨著年紀漸長，漸漸淡化了想婚的念頭，因爲年紀大了更難嫁了。

既然想婚，就不能只靠「隨緣」。在工作上，妳爲了爭取客戶，熬夜寫企畫、跟工作團隊徹夜演練比稿提案，蒐集對手公司情資，擬定作戰策略，妳在工作上卯足全力，就是要拿到客戶，爲什麼對「想婚」這件事，就只有隨緣，而沒有規畫、沒有演練、沒有策略也沒有行動？

阻礙妳結婚的，從來不是年紀，是妳沒有積極的行動。隨緣，是妳安慰自己沒有行動的藉口。

別被年齡綁架，要持續創造人生的無限可能

這個社會習慣用年齡設定我們的人生階段及該相對應完成的任務，社會對中年人的人設，讓我們被制約，**所謂「熟齡的自在」，到最後是一種害怕改變的託辭**。你必須安於現在這個位置，符合社會的期待，安慰自己沒有偏離一個中年人所在的常軌。

這個符合社會標準的中年人設，讓四十歲以上的人，不敢逐夢，儘管對現狀不滿，也沒有勇氣去改變，**因爲追逐夢想的代價是重設人生的恐懼。擔心自己一旦失敗，沒有（時間）機會再重來**。

人生每一刻都在冒險，改變，是一種險；不改變，冒的是另一種險。**別讓年齡綁架你的人生，我們經過多少世的輪迴，才換來這難得的一生**。只要你開始不被年齡綁架，你會發現，人生自在又有趣，充滿無限可能。

年過五十的無名女子，寫作專頁追蹤人數，從一開始的十人，三個月內突破九千人，出版社主動找我出書，這結果，超過我的所求所想。

我在越南工作的老闆丁廣欽，在我離開越南時鼓勵我，要持續追求實踐夢想，不要以爲年過五十，人生就這樣了。他以他的外婆，已故台大外文系教授張心漪爲例，說明中年人不要被年齡綁架，要持續創造人生的無限可能。張心漪五十多歲開始學游泳，過了七十歲，隻身到巴黎麗池酒店學做法國菜，拿到七張結業證書，當起主廚；八十以後，還在學法文，程度達到寫作水準。

不要讓年齡限制你的人生，《聖經》鼓勵我們：「要擴張你的帳幕之地，張大你居所的幔子，不要限止；要放長你的繩子，堅固你的橛子，因爲你要向左向右開展。」

把旁人的「不看好」「不可能」，當作是一種祝福及提醒，讓你在下定決心逐夢的時候，可以更謹愼小心。當你突破內心的恐懼，你會發現，先前沉重無比的難關，克服了，回頭看，雲淡風輕。

別在意社會標準的中年人設。當你無視年齡限制，你會發現，年齡一點也不重要，正如時尚女王香奈兒女士所言：「你可以在二十歲時擁有美麗；四十歲時擁有迷人魅力；並在剩餘的日子裡，具有令人無法抗拒的風韻。」

中年的領悟：剛剛好就好

中年最好的狀態，就是「剛剛好」，就好。
生活中，沒有狂喜與大悲，情緒平穩，剛剛好；
工作上，不再爆肝拚上位，也不在基層仰人鼻息，不卑不亢，剛剛好。
人生進入下半場，收到的白帖比紅帖多，
能好好健康地活著，不忮不求，就好。

在大學授課這兩年，看到二十多歲的年輕人，我會感嘆，怎麼一晃眼就年過五十，時光都跑哪兒去了？但是你問我，想不想讓時光重來，回到二十歲？我的答案是：「我不要時光倒流，我要乘著時間列車，繼續前行。」因爲，走到中年不容易，儘管臉上多了皺紋，我感謝歲月沉澱出中年的從容，我珍惜當下，期待看到更多的風景。

年輕的時候，工作是我生活的重心，只要能學習新的技能，開拓我的視野，全世界都是我的就業職場。吃苦當吃補，能忍思鄉之情，我有兩次海外工作經驗。該拚搏的年紀，我沒有選擇安逸。

在那些爲自己前途「負重前行」的日子裡，我付出所有的努力；到了中年，我對工作，已不再那麼不顧一切地勇往直前，我會爲了家人多思考一下，「穩當前行」是我中年的心態。

年輕時，工作面試被問到「對於加班及責任制的看法」，我的回答肯定是：「加班沒問題，只要能給我工作機會，我會全力配合公司的一切要求！」

現在，要我去工作，我會先搞清楚，這家公司給我的休假及福利有哪些？**職場上，當你沒有能力可以選擇的時候，配合度（良好的態度）是你唯一的價值；當你有能力可以選擇的時候，你的存在，就是公司的價值**。

人生在不同階段，珍惜、看重的東西不一樣。

年輕時，當記者，災情哪裡最嚴重、就往哪裡跑；哪裡最危險、就往哪裡奔，不斷拚曝光，才能被看見。中年後，體力已不允許我透支；家庭的牽掛，也不容許我只爲自己活。我依舊爲工作努力，但是現在，家人是我的第一順位。

以前，爲了工作，可以拋頭顱灑熱血；現在，爲了家人，可以放棄升遷加薪。

現在的我回望過去，我感謝年輕的自己。那些日以繼夜的加班、繞著地球跑的出差，在異鄉醒來，不知身處何國的歲月，讓我成長，更讓我提早在職場做到我想要的位子，累積實力也增加財富。

年輕時多拚搏，中年就有選擇的自由

年輕時的努力，成就了中年的自由。人在年輕時吃苦，爲的就是在邁入中年的時候，能有選擇權。能有選擇權，人生才是自由的。

有位富翁到一個清幽美麗如畫的小島度假，花費上百萬元，享受他獨有的尊榮禮遇。爲他划船的船夫說：「我比你幸運，你要花費百萬元，才能到我生活的小島度假，而我，卻是每天都在這裡生活。」富翁笑笑說：「我當然比你幸運，因爲我能選擇到全世界任何一個小島度假，而你，一輩子只能在這裡。」

趁著年輕，多吃點苦、努力工作、多存點錢，做好財務規畫，到了中年，不論在工作或生活上，你就能擁有選擇的自由。**人生最大的悲哀，不是單身無後，而是一輩子都**

活在缺乏困頓裡，沒有選擇的自由。

當你自由了，就不會再跟別人比較了。年輕時的那些羨慕嫉妒恨，到了中年，赫然發現，只有自己還在這個戰場，而你曾在意的對手，早已不復記憶也不知去向。

活到中年，你經歷親友驟逝，甚至是自己罹患重大疾病，你開始能夠同理那些之前你不能理解的人，逐漸明白，幸福，不是華廈美衣，而是過得心安。那些年輕時覺得乏味、不斷重複的日常，到了中年，了悟這就是平安。早上出門跟你說再見的家人，晚上平安地回家團聚，這就是幸福。欲望越來越少了，對身邊已經擁有的人事物，越來越珍惜。

中年，看似少了年輕時的企圖心及戰鬥力，但多了對人性的通透。你知道，該你的，早就是你的了；沒有的，現在也不必求。你不再浪費時間於無意義的社交，你已清楚，當你夠強大，「人脈」自動靠過來；人到中年，如果什麼都不是，再多的社交也增添不了人脈。

邁入中年，你不再以「名片」行走江湖，「你」就是那張名片。要保持健康、活力與良好的體態，是中年人的義務與責任。以貌取人，絕對科學。網路有句話：性格寫在唇邊，幸福露在嘴角。理性感性寄於聲線，真誠虛偽映在瞳仁。站姿看出才華氣度，步態可見自我認知。表情裡有近來心境，眉宇間是過往歲月。你的外表是你最直接的名片。

中年落實ＡＢＣＤＥＦ，輕安自在過一生

簡言之，中年要活得輕安自在，請做到ＡＢＣＤＥＦ。

A**是** affordable，**過一個自己負擔得起的生活，不用與他人比較**，知足常樂，路邊攤勝過米其林。

B**是** bodybuilding，**保持健身運動，不要放縱口腹之欲**，保持良好的體態，運動維持身體健康，延緩老化，運動能幫助一個人充滿正能量。

C**是** credibility，**人在江湖走，信用必須有**。人到中年，留點名聲給人探聽，萬一碰到經濟不景氣被裁員資遣，還有朋友可以幫你推薦新的工作。

D**是** discipline，**你有多自律，就有多自由**。中年的「勇敢做自己」不是「放縱」做自己，而是在自律的狀態裡，自在地做自己。自律可以讓你不崩壞，你會明哲保身，而不是活到半百在煩惱怎麼誤入歧途，已無時間機會翻身。

E**是** elegance，**保持從容優雅，不與人爭，不再汲營**。中年的歷練會讓你明白，「夫唯不爭，故天下莫能與之爭。」

F**是** foolish，「Stay hungry, Stay foolish」，**求知若飢，虛心若愚**，這是蘋果創辦人賈伯斯，二〇〇五年在史丹佛大學畢業典禮演講時的名言。不斷地學習，跟上時代

變化的腳步，讓中年生活充滿樂趣也更有意義。
努力落實ＡＢＣＤＥＦ，讓中年活得自在，老年過得安康。

自律，是中年人最頂級的性感

因為自律，你知道在這個變化快速的時代裡，
不能放縱自己怠惰而停止學習；
因為自律，你知道要擁有健康，就不能放縱口腹之欲。
你活得自律且自制，邁入中老年，
你明白，這世上沒有理所當然，世界不欠你什麼。

博愛座引發的青銀糾紛，時有所聞且常常登上媒體版面。捷運人潮擁擠時，有的年長者看到外表健康的年輕人坐在博愛座上，會大聲辱罵，強制要求年輕人讓座。

前陣子有則新聞是一位高中女生，坐在捷運博愛座上，老婦人進入車廂後大罵：

「好好的年輕人坐什麼博愛座？起來，這是給我們老人家坐的！」女高中生回答：「需要我把衛生棉拉出來給妳看嗎？我經痛不舒服，博愛座是給身體不舒服、有需要的人坐的。」

博愛座的存在，成爲世代衝突的導火線。**讓年輕人不舒服的是，老人家那種強制他人「敬老」的態度、強勢的自以爲是，讓人不敢領教。老人家說話的語氣及提出要求的方式，讓年輕人不願在情感上與他們產生連結，沒有連結就沒有共感，沒有共感就沒有老人預期想要得到的「同理心」**。

我在大學認識的學生們，不是「厭老」族，他們只是不喜歡老人家「倚老賣老」或強制他人必須「敬老」。「一個人什麼都不做，自然而然地就會變老。老，有什麼可尊敬的？」這是年輕學子提出的質疑。

一個人要受人尊敬，不是單靠年紀，而是品格與對人的態度。

我常看到中老年人仗著自己的年紀，不排隊，直接插隊，當你提醒他「要排隊」，他回：「我年紀大了，讓我先，有什麼關係！」這種理所當然的強勢，讓人心裡不舒服。

前陣子在大賣場，看到前胸揹著一個小娃娃，購物推車上坐著一個幼童的年輕媽媽，一打二，在收銀機前排隊，此時，冒出一個年約六十的婦女，拿著一根紅蘿蔔及一桶洗衣精，插隊擠到年輕媽媽前面。

「請您排隊，好嗎？」年輕媽媽很禮貌地說。「我只有兩樣東西，很快就結完帳了，妳讓我先，會怎樣？我的年紀都可以當妳媽了。」婦人回話中，那種理當如此、你奈我何的語氣，讓年輕媽媽一秒理智斷線。

「妳（之前用您）不要拿年紀壓我，我管妳買幾樣東西，妳給我排隊，我跟孩子趕著回家！」年輕媽媽氣炸，不讓婦人插隊。

婦人不顧其他人的眼光，在賣場收銀機前，大鬧起來。「我就是不排隊，妳怎樣？帶孩子出門了不起喔，我是阿嬤ㄋㄟ！」

賣場以客戶爲尊，沒人出面協調，在年輕媽媽後面排隊的我，忍不住出聲請阿嬤排隊，其他人也加入聲援的行列，有人說：「阿嬤，妳要是趕時間，我讓妳排在我這裡，我排到後面去。」

不倚老賣老，才能跟年輕人溝通

年輕的時候，我們還會在意外界的眼光，展現自制，即使是做給人看，裝模作樣，也懂得要做好做滿；然而，**隨著年紀漸長，人卻越來越「油膩」**，誤把「放縱」當作**「做自己」，完全不在意外界的眼光，無視他人的感受，還要旁人接受這樣的理所當然。**

《聖經》說：「白髮是榮耀的冠冕，在白髮的人面前，你要站起來，也要尊敬老人。」

敬老，是我們從小被教育、應該有的美德；但是，遇到油膩的中老年人，讓人無法打從心底尊敬。

油膩的中老年人，讓年輕世代避之唯恐不及，偏偏他們又喜歡抨擊年輕人，最常掛在嘴邊的一句話就是：「現在的年輕人怎麼能跟我們那時候比。」

優越感加上油膩感，中老年的父母，掌控欲特別強，他們不但替孩子選擇職業，還會介入孩子的婚姻家庭。

油膩的中老年人，活在科技日新月異的時代裡，很難承認自己就要成爲歷史，快要「被翻頁」了。他們不能理解，孩子爲什麼不去考公職，卻一心想當網紅？聽廣播的他們，搞不懂年輕人爲什麼不聽廣播卻聽Podcast？爲什麼孩子跟同儕那麼有話講，唯獨跟父母無話可說？

我輩中人，請除去中老年的油膩，承認年輕人可能懂得比我們還多，這是他們的世

代，請相信他們有能力選擇自己的職業與未來。所有我們認爲的「從衆盲目」「沒有獨立思考能力」的小屁孩，他們比我們更了解網路帶來的改變以及新時代的商業模式。

別小看他們。當他們對著鏡頭拍影片「練肖話」，我們認爲他們輕浮淺薄；當他們搞笑，大吃大喝，我們認爲他們既沒知識水準、活著也不去找個正經職業，然而，這就是他們變現獲利的方式。成功的網紅，一個月靠拍攝業配影片及開團購，可以抽成進帳上百萬元。

我們都會變老，當我們除去油膩，學習傾聽並尊重年輕人，年輕人才願意多跟我們分享他們的想法，世代之間的距離，才有可能逐漸拉近。

願我們以油膩的中老年人爲戒，做一個懂得尊重他人的年長者。當我們需要別人幫助時，請好好表達，並且感謝每個溫暖友善的援手。

台大畢業就罹癌，她學到的人生功課

過度努力、太用力地做好每一件事，是一種自我耗損與傷害。
過度努力的人，追求的是他人及社會的肯定。
當你相信自己已經夠好了，就不必用力地向世界證明什麼，
此時，你才能安泰地看見並發現，原來，我一直都很棒！

我的外甥女安妮，從小就是個自律甚嚴的孩子，不必鬧鐘也不必大人喊叫，固定在清晨六點起床。自律的孩子功課從來不讓人操心，她從小學就是全校第一名的學生，保送桃園武陵高中，考上台大政治系，是她學習路上的頭一回失敗。

爲了校正這個失敗，她在大二參加轉系考試，順利進入會計系。安妮不是天生聰慧

的人，她是靠著熬夜苦讀，才有今日的成績。

台大是天才的樂園，平庸者的地獄。進入台大安妮發現，有同學真的是不用花太多時間念書，再難的考試一樣輕鬆過關；而她，卻是焚膏繼晷，才換得一個低空掠過。

之前那個快樂飛揚、臉色紅潤的女孩，進了台大後，臉上少了笑容，多了用力拚搏的蒼白。在我眼裡，安妮已經夠優秀了，我常跟她說：「阿姨就算重考，也考不上台大，妳已經很棒了！不要給自己壓力。」我的肯定，對她來說沒有太大的意義，她在意的是今年書卷獎頒給了誰。

自律且自我要求很高的安妮，在高中就規畫大學生活，到了大學就開始籌謀未來的人生路。她擅長設定目標，規畫自己的前途，她也一直在自己設定的軌道上運行，她做自己生命的主宰，直到大四畢業考的那個星期，一份健康檢查報告，打亂了她的人生計畫。

停擺的青春，讓她誠實面對自己的軟弱

安妮在二〇一七年十二月，開始感覺胃部不舒服，沒有飢餓感之外，吃完東西總覺得腹脹難受、想吐。她到一位名醫開設的診所看診，安妮主動提出做胃鏡檢查的要求，

這位長期經營媒體曝光的腸胃專科名醫依照安妮的年齡及就讀的學校研判，「應該是壓力太大，自我要求太高造成的腸胃不適，吃藥就會好了。」

安妮吃了四個月的藥，不舒服的情況越來越嚴重，眼看畢業考在即，加上她已經申請到國外研究所碩士班，爲了讓家人放心，她能無縫接軌地出國念書，我姊姊帶安妮去大醫院檢查。

一照胃鏡，確診是胃部淋巴癌初期。這是一種攻擊性很強、生長快速的瀰漫性淋巴腫瘤，散布在胃的下半部，連接十二指腸的地方。當醫師在診間告訴安妮罹癌的消息，她嚎啕大哭，習慣掌握自己人生方向盤的她，頓時迷茫失落，對未來充滿恐懼，「我才二十二歲，就要死了嗎？」陪伴安妮看診的我的姊姊，淚如雨下，這是她當單親媽媽近二十年，聽到最大的噩耗。

畢業考一結束，同學們各奔前程，安妮住進了癌症病房，展開六次的化療。療程結束後，吃飯胃口正常了一段時間，安妮以爲她可以重新開始她的人生，沒想到不到兩個月的時間，在胃部的不同位置出現相同的腫瘤，癌症復發，她裝了人工血管，展開第二次的化療。

安妮不明白爲什麼癌症不放過她，她想著，「難道二十二歲以後的我，生命唯一的事情就只有抗癌，沒有其他了嗎？」連續兩次的治療，讓安妮人生停擺了兩年。

看到其他同學，有的出國念書，有的進入職場，臉書上的朋友們，生活都是彩色的，讓安妮好生羨慕，面對自己的光頭及慘白，她暗自落淚，最後索性關閉臉書。

這兩年，安妮不是在家靜養就是在台大醫院治療，她在體能恢復後，想找份工作，無奈面試時被問到：「請說明大學畢業後這兩年，妳在做什麼？」安妮誠實告知的下場，就是回去靜候通知，然後再也沒有消息。

很多癌症病友在療程結束後，想重返職場，會遇到跟安妮一樣的困境。人資一聽到應試者曾經罹癌，面試時間就進入倒數讀秒。罹癌等於不健康，不健康等於不耐操、不能累到，罹癌者不適合加班跟責任制，最後的結論就是，企業不會聘用罹癌者。

不幸的是，台灣癌症患者有年輕化的趨勢，根據二〇〇二年衛福部的統計顯示，十五至二十四歲及二十五至四十歲，這兩個年齡層在五年間罹癌人數的比例，各增加了二十七．四三％及二十八．六％，而這兩個年齡區段，正是人生的黃金歲月期。罹癌後，就算恢復了健康，也得不到工作的機會，年輕罹癌者該怎麼面對接下來的漫長人生？

罹癌逼著安妮放慢生活腳步，向來相信操之在我、人定勝天的她，這場病讓她明白，**人，有勝不過的地方；沒了健康等於失去一切**。再好強、再怎麼要求完美，在癌症面前，都得低頭。癌症是安妮的老師，提早教會她生命的功課，**誠實面對自己的軟弱**，

知道自己有所不能。

生病這兩年，安妮檢視自己的生活，她發現她的好強與要求完美，來自於她對單親家庭的自卑。安妮五歲的時候，父母離異，母親帶著安妮跟兩歲的妹妹獨自生活。單親媽媽既要工作養家又要料理家務，安妮心疼母親的辛苦，立志好好讀書，將來賺錢孝順母親。她從小到大沒有補習，全靠自修及日夜苦讀，考得好成績。

安妮用力地想證明，單親家庭長大的孩子，一樣會有出息，她要求自己樣樣第一，希望媽媽以她爲榮，好像這樣就能撫慰單親的勞苦愁煩。

你是否跟安妮一樣，活在希望被別人肯定的不安全感當中？你過度的努力，是否只爲換取社會及他人的尊重？

請饒了自己，讓心停歇一下；努力過後，讓身體休息一下。你不用活在別人的嘴裡，不必傾盡洪荒之力證明你的優秀，**你努力，但別過度用力，不是第一又如何？**

人生是場馬拉松，不要當百米競賽在跑，既然是馬拉松，配速很重要，邊跑邊欣賞沿途風景，開心跑完全程，耐心抵達終點，你就是贏家。

與悲傷同行——最優秀的學姊跳樓身亡

對心中無法解決的事抱持耐性，不用現在就得找到答案，
它們不會因為你不能忍受，就讓你知道結果。
也許過了很久以後的某一天，便漸漸發現，
自己正在經歷尋找的答案，甚至可能沒注意到，
改變，已經發生了。

——德國詩人里爾克經典語錄

那年夏天，酷熱難耐，氣溫屢創新高，處理完正午新聞的空檔，正準備溜出辦公室買杯冰咖啡提神，一則插播快報，一個熟悉的名字，讓我瞬間腦袋一片空白。

「爲您插播一則最新消息！××報採訪中心主任，剛剛被人發現，從自家頂樓墜樓身亡，現場留有一封遺書，享年四十九歲。」

從事新聞工作二十年，第一次在新聞中聽到自己生活圈熟悉的名字，頭一回這麼靠近新聞事件的當事人，她是我在美國威斯康辛大學大衆傳播研究所碩士班的學姊，瑪莉，一個以全A成績畢業，拿到碩士學位的台灣記者。

瑪莉學姊是不折不扣的學霸，北一女畢業，她立志當記者，順利考上第一志願國立政治大學新聞系。在跳樓自殺前，她在新聞圈的優異工作表現，被「世界女記者與作家協會」封爲「風雲際會一百年」優秀女記者之一。

我是大學一畢業就出國念碩士，瑪莉學姊是工作一兩年之後，出國進修。這個系上有堂必修課，怪老頭教授給分最高就是B，從來沒有學生拿過A的最高成績。這個紀錄被瑪莉學姊打破，她各科成績都是A，讓她成爲系上傳奇人物。

我與她共同修過幾門課，瑪莉學姊上課認眞，筆記字跡端正一如她嚴謹的性格。在學業上，我是有興趣的課，就認眞上；沒興趣的必修課，迫於無奈，只求過關。怪老頭的「大衆傳播理論」是必修，課程枯燥乏味不說，他講話好像含了一顆大滷蛋，上課想作筆記都不知該從何寫起。

瑪莉學姊成了我的救星，我猜想她讀唇語的功力應該異於常人，怪老頭的課，我靠學姊的筆記，勉強拿了B的成績，雖不光彩，至少不必重修。「學妹，自費出來念書很不容易，妳要積極一點，珍惜這個福分，等妳出校園工作後，妳會發現，當學生有多幸福！」

瑪莉學姊常常唸我，她看不慣得過且過、遇難則退的人。我常勸她，何必那麼累，拿到碩士學位之外，還要品味異鄉生活，才是出國念書的意義。

在她眼裡，我就是不長進的代表。

畢業後，瑪莉學姊重返報社當記者，她爲了跑新聞，可以熬夜苦等受訪對象的拼命三娘性格，讓她很快晉升成爲政治組召集人。

打開報紙，常常看到她的獨家報導攻占頭版版面，她是同業眼裡的頭號勁敵，她不跟同業互動搞聯盟，她是孤傲的獵豹，任誰都擋不住她想要的獨家。

我拿到碩士學位回台，待業半年，怎麼都找不到工作。後來進了一家報社當記者，那時的報社因爲經營不善換了新老闆，員工不滿新老闆的政治色彩，工會發起罷工，報紙連續幾天只印一張，黑底的印刷上面只有一個字，慟！

老記者員工抵制新老闆，不採訪也不寫稿，新老闆請總編輯招聘新記者。「只要會寫國字，就錄取。」我在這樣的條件下錄取了，開始第一份記者工作。

快倒閉的報社，配上我這個毫無企圖心的菜鳥，根本就是眞愛絕配。我寫稿完全沒有壓力，因爲全報社就只有我一個記者沒參與罷工。面試我的總編輯在面試我的隔天請辭。我採訪寫稿，既沒有人催稿也無人審稿，報紙還是只印一張，白紙黑字，終於有了頭版新聞及標題，下方小小的字印著：記者張莎莉台北報導。光是這樣，我就覺得很有成就感，工作至此，夫復何求。

毫無工作壓力且以此自滿的我，常在採訪現場遇到瑪莉學姊，她看我還是一副不長進的模樣，懶得搭理我。「學妹，妳這樣過人生，不用到四十歲肯定會後悔。努力雖然很累，但是不努力，將來更累！」這是瑪莉學姊生前對我說的最後一句話。

從其他學姊口中得知，瑪莉學姊的父母相繼過世，對她造成極大的打擊。她的人生順遂，沒有達不到的目標，更沒有無法翻轉的結果。面對生命的無常，她第一次被擊倒，尤其是跟她感情最親密的父親突然過世，瑪莉學姊從此得了憂鬱症。本來就寡言獨來獨往的她，變得更封閉無言。

失去雙親後，單身獨居的她，頓失「生」的勇氣與意義。擊垮她的最後一根稻草是報社例行的健康檢查，檢驗發現罹患乳癌。癌症讓她的工作停擺，抗癌藥物發生抗藥性，剛結束一輪的化療又得重新開始，無止盡的折磨，讓她身心徹底崩潰。

我不知道在那個炎熱的夏季午後，瑪莉學姊是以什麼樣的心情，一個人，一步步，走到居家大樓的頂樓，一躍而下。之前的她是多麼理性的一個人，理性到一個程度近乎孤冷，而在她縱身往下跳的那一刻，她擅長的理性自我論辯，爲什麼沒有發揮作用？她人生最後閃過的念頭是什麼？是生命中哪個不經意的小碎片，堆疊在她心中，成爲無力相抗的絕對沉重，以致最終絕望？

「我已厭倦一切，不想受病痛折磨。」這是瑪莉學姊用A4白紙手寫的遺書。我想起那年冬天，她把筆記借給我，裡面夾了一張A4白紙，工整的字跡寫著：「莎莉學妹，珍惜光陰，人生難得。瑪莉」

是啊，人生難得，好強的妳，怎麼放棄了？

瑪莉學姊的告別式上，她的弟弟說，姊姊在父母過世後，整個人就變了。憂傷的靈，使骨枯乾，她的生命被巨大的悲傷及失落感籠罩啃噬，她不知道該怎麼安置自己的身心。

「爲什麼是我？」痛失雙親後又罹癌，生命中突如其來的驚恐，以不同的方式，向瑪莉展開連續攻擊。

我相信瑪莉曾經試圖堅強奮戰，但這悲傷深不見底、看不到盡頭，她好強地想盡快戰勝，結束一切，最終後繼無力，再也無法接住自己。

悲傷及意外，是我們人生旅途必定會經歷的幽谷。如何與悲傷同行，如何承受意外的打擊，是我們必修的生命功課。

面對意外帶來的驚恐與悲傷，請容許自己想哭的時候，就大聲哭出來；療癒悲傷，請給自己足夠的時間，這不是比賽，不用急著趕快好起來。誠實面對自己的感受，承認自己的軟弱無助，透過文字或繪畫方式，記錄抒發心情。即使悲傷難過時，什麼都不想做，只有滿滿的厭世感，也請記得善待自己，好好吃飯、好好睡覺，專注地刷牙，專注地呼吸，專注地做每一個動作，專注當下。

巨大的悲傷，讓我們破碎，「為什麼是我？」找不到答案。**與悲傷同行，練習「專注」，專注感受每一個重複的日常，尋求專業人士的幫助**，這是一段艱難的過程，但願破碎的人，能慢慢的，一片一片，拼湊出，新的自己。

世界依舊運轉著，我仔細感受自己的每一口呼吸，每一次心跳。那年夏天，陽光普照，仰望天際，白雲朵朵，瑪莉的魂魄依傍在哪一縷雲絮裡？現在的她是否看見世界的美好？沉重的腳步是否因此變得輕盈，足以在夏日的微風中，翱翔。

考試與揭弊

不信命運天注定；不信公義喚不回。

從小我就喜歡考試，因為那是我的保護傘。成績好，老師就不會為難我，更沒機會羞辱我。我不能決定出身，但是透過考試，我可以翻身。從小學考到大學，大三暑假考TOEFL、GRE，台視新聞部公開招考文字記者……只要有考試機會，能幫助我翻身，我一定報考。

我很在意考試，當你沒「人脈」也沒「錢脈」的時候，能有一個不管你出身為何，都能來報考的公平機會；考上後，就可以提升你的社會地位及經濟收入，「考試」是我這種沒有家庭背景的人，出頭天的唯一方式。

因為一定要出頭天，所以特別在意考試。考試的公平性，對我而言，是比生命更重要的事，誰敢走後門或作弊擋了我的翻身之路，我肯定跟他沒完沒了。

國二女生的驚人之舉：揭發老師洩題陋習

中學的時候，我就因為考試不公，檢舉我學校的老師。

我念的是國營事業開設的子弟學校，國中總成績優良，就可以保送高中。為了爭取保送機會，從國一開始，我很在意自己的成績。數學向來是我的弱項，我家沒錢讓我上補習班，當時學校老師在家開設小班制的補習班，連校長都在家開補習班收費，表面上是幫學生加強英語，實際上是為了多賺點錢。

數學老師幾次明示暗示我，數學不好就到他家補習，一個月也不過七千元，「這比外面的補習班便宜多了，而且保證妳數學進步。」但我還是沒去補習，數學成績常在及格邊緣徘徊。

一個跟我數學程度在「伯仲之間」的同學，有次考試突然拿了九十分的高分，我怎麼也想不通他什麼時候開竅了，怎麼可能一下子超越我這麼多？他告訴我，想考高分就去老師家補習，「老師會洩題」，在老師家補習的練習題跟考試題目幾乎一模一樣，所以「保證妳數學進步」。

同學拿給我看他在老師家補習的練習題，我問他可以借我研究一下嗎？我影印了兩份，再把當時的考試卷也印了兩份，隔天，我走進校長室，向校長檢舉老師洩題，影響保送制度的公平性。

面對一個國二女生檢舉自己班的數學老師洩題，校長驚訝中，不知如何是好，因爲他也在開補習班。

「妳先回去，我把這兩份試卷研究一下，再看看怎麼處理。」我看校長一副敷衍的樣子（從我進他辦公室到離開，他沒有誇讚我勇敢正直），離開他辦公室前，我提醒他，我印了兩份資料，現在一份交給他，希望他公正處理。

我檢舉老師的事情，很快傳到該名老師的耳中，他被學校調查後沒多久，就被開除了。臨走前，把我叫到他辦公室：「我知道是妳檢舉我，以後，我不會讓妳好過。」

檢舉老師的事只有校長知情，我連父母都沒說，同學更不知道是我幹的。我被老師恐嚇後，當天又去找校長，告訴他開除數學老師，已經完成我的訴求，我本想放手，但校長把我抖出來，爲了自保，我決定向高雄市教育局舉發學校老師，包含校長在內，課後開補習班且洩題的陋習。

一向「認命」的父親，為了女兒選擇「勇敢」

校長打電話到我家，要我爸嚴加管教我這個「目無尊長」的頑劣份子，「一個女孩才幾歲就鬥爭老師，將來長大還得了！」校長撂下狠話，要我爸讓我轉學，因為這個學校的老師們，還有他，已經容不下我。

直到這時候，我爸媽才知道，他們的女兒在學校幹了什麼轟轟烈烈的事。我爸媽的人生向來就是看人臉色，很怕得罪比我們階級更高的人。他們沒有學歷，因此很尊重當老師的人；他們知道自己沒錢沒勢，沒能力跟這個社會鬥，吃了悶虧、被欺負了，都只能認命吞下去，因為沒有一件事比「活下去」更重要，即使是窩囊地活著。

我到現在還記得我爸那天掛了電話後，看我的表情。我本以為以他那種不惹事、小心翼翼求生存的個性，應該會痛罵我一頓，沒想到他沒罵我，只問我接下來想怎麼做？我說我不轉學，要跟他們鬥到底，我沒做錯，憑什麼是我轉學！

我爸陪我到高雄市教育局遞交了檢舉信及相關證據（練習試卷及考試卷），我把校長及所有在家開設補習班洩題的老師全寫在檢舉信中。

國二升國三的暑假，校長被撤換了。我沒轉學，但整個國三是我很難熬的一年，其他老師因洩題情節輕重不等，分別被記了警告及大小過。他們依舊是我的老師，我是檢舉他們的學生。

當一個國二女學生獨自走進校長辦公室檢舉老師的那一刻，好像注定了她未來當記者的命運。

我一直在想，一輩子爲了求生、沉靜唯諾的父親，爲什麼那時沒對我咆哮發脾氣？按照他的個性，應該是痛罵（毒打）我一頓後，帶著我向校長及老師們當面道歉賠不是，如果必要，他會下跪乞求原諒。是什麼原因讓他選擇了勇敢？還是他看見他的女兒沒有複製他那爲了「求生」卻由不得自己的人生，而感到欣慰？

父親過世了，沒有人告訴我答案。

國三畢業前夕，學校公布保送名單，我名列其中。

我一直很喜歡考試，**不信命運天注定**。我是記者，喜歡揭弊，**不信公義喚不回**。

【後記】

不能決定出身，就靠自己翻身

雖然不能決定出身，但我可以選擇翻身。
沒有金湯匙的人生，就從我這一代開始，打造屬於自己的金湯匙。
不用等待貴人提攜，我就是自己的貴人。

如果相信命運天注定，那麼我將世襲貧窮與知識的匱乏。我沒有含著金湯匙出生，我的出身只能證明：我，沒有湯匙。

父親二十一歲那年，以家族長子的身分，被迫加入中國人民志願軍。

一九五〇年十月八日，中共中央軍委主席毛澤東電令中國東北的野戰軍改編為中國人民志願軍，從鴨綠江進入朝鮮，協助朝鮮對抗以美國為首的聯合國軍隊，韓戰爆發，史稱「抗美援朝」。

爲了充實作戰人力，中國政府下令，農村每戶人家要交出一名成年男丁，加入人民志願軍。住在山東省歷城縣孟東鄉的這戶農家，由長子張洪金自願代表全家族，入伍當兵。弟弟及堂兄弟們都已娶妻生子，張洪金當時認爲，戰爭總有結束的一天，他一定會凱旋平安回鄉。離家的那晚，母親指著天對他說：「兒啊，想家的時候，抬頭看看月亮、星星，我們在同一個天空下。」

那晚的星空，是他此生最難忘的風景。此去一別，此去，經年。母親最後的容顏及家鄉所有的一切，都停格在一九五〇年的那一夜。

戰爭的炮火讓他差點失去右手掌，接回來的手指，不再靈光，但至少掩飾了殘缺。「我要活著回家見爹娘」這個信念支撐他挺過槍砲無情，每到夜晚，他總想著母親說的話：「我們在同一個天空下。」

三年戰場生涯，每天面對死亡的恐懼，每天思念母親，堆疊起的沉重心情，讓他從一個樂觀飛揚的青年，變成一個節制寡言的人。

一九五三年七月，韓戰結束，中國人民志願軍戰敗，張洪金成了戰俘，身無分文的他跟其他一萬四千多名同袍共同向台灣政府輸誠，並於一九五四年一月二十三日，從韓國出發抵達台灣基隆港，成爲「反共義士」。

從戰俘變成「１２３自由日」的反共義士，是環境及時代逼著他們做選擇，而不是他們自由地選擇了時代。在兵燹下，戰俘的生命是卑微沒有自主權的，回到中國是死路一條，要活下去，台灣成爲唯一的選項。

沒有選擇的他們，是一群「樣板」反共義士，每個人身上都有刺青，爲了宣示效忠新政府，胸前刺了國民黨黨徽，背後刺了中華民國國旗，左手臂寫著「反共抗俄」，右手臂刺的是「殺朱拔毛」。

張洪金像現代岳飛，全身滿滿的反共愛國刺青，展開他在台灣的生活。剛到台灣，他被安排到部隊，接受國民黨的思想改造教育，每天讀三民主義及國父思想，把心得寫在國防部發的「反共義士筆記」裡，懺悔自己被中國共產黨利用，寫下「我是被匪逼迫，參加韓國侵略戰爭，但我深刻體會，只有中國國民黨才能實現三民主義，才能拯救全中國！」

每位反共義士的筆記，都有一位思想教官負責批閱並給予評分。張洪金因思想正確，拿了高分，被分配到國營事業任職，擔任工安課的消防隊員。

有了工作之後，張洪金想成家。透過軍中袍澤介紹，他到屏東縣竹田鄉相親。說是相親，實際上是探病。當時我母親因爲家貧，長期營養不良幾乎病死，外公認爲，未出嫁的女兒死在家裡，會給家族帶來厄運，於是聘金全免，只要有人敢娶，就立刻嫁女。

張洪金耗盡所有積蓄，治好客家女的病，兩人結婚並生了三個孩子，我排行老三。

我問過父親爲什麼會娶一個瀕死的客家女子爲妻？父親說，他看到我母親的第一眼就覺得看到了自己，那個一路走來只爲「求生」卻由不得自己的人生。

我記憶中的父親，除了工作上班，其他時間就是待在家裡，盯著我們三個孩子讀書做功課。從小我就被父親灌輸「要被人瞧得起，就要好好讀書，唯有讀好書才能翻身」的觀念。家裡經濟拮据，沒多餘的錢讓我們課後補習，自學成了必須。

爲了省錢，父親不曾帶我們全家人外出上館子用餐。他三餐吃饅頭解決，沒有菜肉一樣可過日；不曾爲自己添購衣裳，在家也穿著國營事業的制服。父親一生節儉，應該是從來沒有豐衣足食過的珍惜。

家境貧窮的孩子，自尊心特別敏感。學校各種要花錢的活動，像是謝師宴、同學生日互贈禮物及畢業旅行，我都選擇放棄。**越窮困越好強，讓我自卑的出身，成了驅動我前進的力量。我知道自己無所依傍，沒錢沒勢沒人脈，就只能自強**；不想複製父母的悲情，就必須付上苦讀的代價。

知識就是力量，它可以翻轉階級、終結貧窮。我不能決定出身，但是可以靠自己翻身；父母沒錢讓我出國旅遊、吃外食，我工作賺錢後，帶他們去旅行、吃米其林。

「家貧」讓我學會珍惜我擁有的，也讓我體會到世間冷暖。當你在職場及人生都交出世俗定義的「成功」成績單，人脈自動向你靠攏，尊敬的眼神自然而然地投射到你身上。此時，沒人在意你的出身，就算「出身」再被提起，也成了一段勵志傳奇。

別向命運低頭，你的出身不能決定你的人生結局。每個人都能靠自己翻身，打造自己的金湯匙，成爲自己的貴人。

Eurasian Publishing Group
圓神出版事業機構
用心與你對話・視野無限寬廣
如何出版社
Solutions Publishing
www.booklife.com.tw
reader@mail.eurasian.com.tw
Happy Learning 197

每道人生的坎，都是一道加分題

作　　者／莎莉夫人（Ms. Sally）
發 行 人／簡志忠
出 版 者／如何出版社有限公司
地　　址／臺北市南京東路四段50號6樓之1
電　　話／（02）2579-6600・2579-8800・2570-3939
傳　　真／（02）2579-0338・2577-3220・2570-3636
總 編 輯／陳秋月
主　　編／柳怡如
責任編輯／柳怡如
專案企畫／沈蕙婷
校　　對／莎莉夫人・丁予涵・柳怡如
美術編輯／簡瑄
行銷企畫／陳禹伶・曾宜婷
印務統籌／劉鳳剛・高榮祥
監　　印／高榮祥
排　　版／杜易蓉
經 銷 商／叩應股份有限公司
郵撥帳號／18707239
法律顧問／圓神出版事業機構法律顧問　蕭雄淋律師
印　　刷／祥峰印刷廠
2021年8月　初版
2021年9月　5刷

定價300元
ISBN 978-986-136-591-6

你有沒有想過，你的很多機會，其實不是被年齡限制，而是被你先刪除掉的？因爲是你先認定「很難、不可能」，就是這些你自以爲的「不可能」，讓你失去了機會，限制了你的「可能」。

——《每道人生的坎，都是一道加分題》

國家圖書館出版品預行編目資料

每道人生的坎，都是一道加分題／莎莉夫人 著. -- 初版 --
臺北市：如何，2021.08
224 面；14.8×20.8 公分 --（Happy Learning；197）
ISBN 978-986-136-591-6（平裝）

1. 職場成功法　2. 人生哲學

494.35　　　　110009772